우리
아이의
읽기,
쓰기,
말하기

특히 초등학생 때의 책 읽기가 중요한 이유는 읽기가 모든 공부의 밑바탕이 되기 때문입니다. 물론 책은 중·고등학교 때에도 읽을 수 있지요. 하지만 상대적으로 시간이 많지 않습니다. 실제로 초등학교 때 독서를 게을리하다가 중·고등학교에 진학한 뒤 독해력이 힘에 부쳐 어려움을 겪는 이들을 자주 봅니다. 초등학교 교과는 비교적 난도가 낮으므로 독서를 게을리해도 학습을 따라가는 데 무리가 없지만, 중·고등학교에 진학하면 책을 많이 읽은 아이와 그렇지 않은 아이의 편차는 더욱 크게 벌어집니다. 그러므로 초등학생 때는 교과 선행학습보다 독서에 더 많은 시간을 써야 합니다.

또한, 요즘 학업 평가 시스템은 서술형·논술형 평가와 수행평가 등 예전과는 완전히 달라졌습니다. 과거에는 책 좀 덜 읽어도 주요 과목만 열심히 하면 대학에 들어가는 데 큰 문제가 없었지요. 하지만 현재의 입시 제도는 그렇지 않습니다. 단순히 정답을 맞히는 것만으로는 부족합니다. 정답이 도출되는 과정을 논리 있게 설명해야 더 높은 점수를 받기 때문입니다. 어려서부터 독서 교육을 제대로 하지 않았다면 시험에서 좋은 점수를 받기 어려운 것도 바로 이 때문입니다.

더구나 우리의 뇌는 만 12세까지 언어 능력이 가장 발달한다고 하지요. '독서 적기'라는 말도 이를 근거로 생겨났습니다. 어려서부터 읽기를 열심히 한 아이들은 공부하는 자세나 몰입에서도 큰 차이가 납니다. 사고와 이해의 폭이 넓은 것은 당연하고요.

더불어 책을 통해 키울 수 있는 몹시 중요한 능력이 있는데요. 바로 말하기와 쓰기입니다. 사회인으로서 가장 필요한 덕목을 말하라면 대부분의 사람들이 말하기와 쓰기를 꼽습니다. 언론인이나 정치인은 말할 것도 없고 의사, 변호사, 사업가, 예술가 등 모든 직업을 통틀어 말하기와 쓰기 능력은 중요한데요. 제대로 된 읽기 교육은 말하기와 쓰기 능력까지 키울 수 있습니다. 마치 뫼비우스의 띠처럼 읽기, 쓰기, 말하기가 서로 얽혀 있기 때문이지요.

저는 올해 16년 차 아나운서로 〈TV, 도서관에 가다〉라는 프로그램을 수년째 진행하고 있습니다. 책 관련 프로그램을 맡은 덕분에 유명 작가들과 일주일에 한 번씩 만나는 호사를 누리고 있지요. 작년 말쯤이었던가요. 유시민 작가와 그의 저서인 《표현의 기술》에 대해 녹화하던 중 "어떤 글이 잘 쓴 글인가?"라는 질문을 던졌습니다. 그는 "말을 하듯 옮겨 놓은 글이 가장 좋은 글이다. 대체로 말을 잘하는 사람이 글도 잘 쓴다"라고 답했습니다.

그렇습니다. 말을 잘하려면 많이 읽어야 합니다. 많이 읽을수록 다양한 어휘와 표현을 익힐 수 있습니다. 자기 생각을 논리적으로 표현하는 능력도 많은 책을 읽은 뒤에야 따라옵니다. 읽기, 쓰기, 말하기 교육을 개별적으로 할 수 없는 이유입니다.

그렇다면 우리 아이들의 읽기, 쓰기, 말하기 능력을 키워주려면 어떻게 해야 할까요? 지금이라도 유명 독서 논술학원에 보내야 할까요? 물론 그것도 방법이 될 수 있겠지요. 하지만 부모는 다른 누구보다 우리 아이들의 맞춤형 선생님이 될 수 있습니다. 아이의 성향을 잘 아는 것도, 함께하는 시간이 가장 많은 것도 부모이기 때문이지요. 물론 수고로움은 따릅니다. 매일 꾸준히 아이와 함께해야 하는 일이니까요. 하지만 생각해 보면 어려운 일도 아닙니다. 짧게는 하루 10분이면 충분합니다.

자녀들에게 책 읽는 즐거움과 공부 습관을 키워주고자 한다면 이 책을 주목하시기 바랍니다. 두 아이를 키우며 느끼는 현실적인 고민을 토대로 전문가의 견해와 저명한 학술지에 실린 논문 등 객관성이 있는 자료에 근거해 더욱 실질적인 도움을 드리고자 노력했습니다. 엄마의 마음에서 간절함을 담아 쓴 이 책이 부디 우리 아이 교육에 관심 있는 부모님들께 작은 도움이 되기를 간절히 바랍니다.

c o n t e n t s

Chapter

0 4

읽기로 '말하기' 실력 키우기

Chapter

0 5

읽기로 '쓰기'
실력 키우기

초등 교사들은 입을 모아 말합니다.

"초등학교 때 책을 많이 읽는 것만으로도 상위권의 성적을 유지하는 데 큰 어려움이 없다"라고요. 이는 국어뿐 아니라 수학, 사회, 과학 등 모든 과목에 해당합니다.

책을 많이 읽은 아이들은 당장 겉으로는 별 차이가 없어 보이지만 내면의 힘이 심대합니다. 마치 바다 아래 위용을 숨기고 있는 빙산처럼 말이지요. 많은 교육 전문가들이 자기주도학습의 키워드로 '독서 습관'을 꼽는 것도 책을 통해 흥미 있는 분야를 찾을 수 있기 때문입니다. 관심 분야가 생기면 지적 호기심을 느끼게 되고 이는 자연스럽게 학습 동기로 연결되지요.

과연 읽기의 힘은 이것뿐일까요? 읽기는 쓰고, 말하는 것과도 촘촘하게 얽혀 있습니다. 마치 안팎의 구별이 없이 서로 꼬여 있는 뫼비우스의 띠처럼 말이지요. 국어력을 기른다면 자신의 생각이나 주장을 머릿속에 정리하는 법을 알게 되고, 자연스레 말과 글로도 잘 표현하게 됩니다.

CHAPTER 01

읽기-
쓰기-
말하기는
뫼비우스의
띠와 같다

초	등	학	교		입	학		전	,			

국	어		교	육	의							

골	든	타	임	을		잡	아	라	!			

교과서만 제대로 읽어도 초등 상위권 문제없다

초등학교 입학을 목전에 둔 예비 학부모들께 종종 이런 질문을 받습니다.

"요즘 초등학생들 공부가 장난이 아니라던데, 뭐부터 시키면 좋을까요?", "입학 전에 영어 파닉스 정도는 알고 가는 게 좋겠지요?"

아이가 유치원에 다닐 때까지만 해도 '애들은 노는 게 최고지'를 주장하던 엄마들도 초등학교에 입학할 무렵이 되면 부쩍 교육에 관심을 두기 시작합니다. "영어 유치원을 졸업한 어느 아이는 벌써 디베이트(토론) 대회에 나간다더라", "이웃집의 어느 아이는 수학 경시대회를 준비한다더라", "요즘은 초등 성적이 대입까지 간다더라"와 같은 소문들은 엄마들의 불안감과 경쟁 심리를 부추깁니다.

실제로 많은 초등학생이 이미 취학 전부터 영어, 수학 등 선행학습을 시작합니다. 초등 교과과정상 영어는 3학년부터 시작되지만 대부분의 아이들은 이미 훨씬 전에 영어를 배웁니다. 수학 역시 사정은 비슷해서, 많은 아이가 입학 전에 수와 연산을 공부합니다.

그러나 한 가지, 엄마들이 반드시 알아야 할 사실이 있는데요.《해리포터》원서를 줄줄 읽는다고, 덧셈이나 뺄셈을 푸는 속도가 빠르다고 해서 그 아이가 곧 우등생이 되는 건 아니라는 겁니다. 실제로 영어 유치원 출신 아이들 중에는 입학 후 교과 내용조차 제대로 이해하지 못해 애를 먹는 경우가 많습니다. 당연합니다. 한글을 배울 시기에 영어 몰입 교육을 했으니 그럴 수밖에요. 영어 유치원이 무조건 나쁘다는 이야기를 하려는 것은 아닙니다. 다만, 영어를 잘하는 것과 우등생이 되는 건 분명 별개라는 뜻입니다.

아이를 이제 막 학교에 입학시킨 많은 부모님이 아이의 교과서를 펼쳐보고 놀라워합니다. 예전 우리 세대보다 부쩍 높아진 난도 때문이지요. 국어만 해도 그렇습니다. 일단 지문의 양부터 만만치 않은데요. 조금 과장해서 말하자면 흡사 수능에서의 언어영역을 방불케 합니다. "바둑이 안녕", "철수도 안녕"부터 배우던 예전 우리 초등학교 시절을 생각하면 그야말로 하늘과 땅 차이입니다. 따라서 요즘 초등학교 국어를 제대로 공부하기 위해서는 긴 글을 한 번에 읽고 내용을 이해하는 힘, '국어력'이 필수입니다.

수학도 다르지 않습니다. 요즘 수학은 서술형, 문장형의 특징을 지닙니다. 이른바 사고력 수학이라고, 많이 들어보셨지요. 본래 사고력 수학이란 수학의 원리를 깨우쳐 보다 재미있게 배우자는 취지에서 등장한 학습법입니다. 단지 공식에 숫자를 대입해서 답을 내는 것이 아니라, 어떻게 답을 도출했는지 설명하는 '풀이과정'을 중요시합니다. 일단 문제부터 단순하지 않은데요. 아래는 초등학교 1학년 1학기 수학 문제입니다.

'가' 바구니에 사과가 3개, 배가 7개 있다.

'나' 바구니에 사과는 5개, 배는 4개 있다.

'가'와 '나' 바구니의 사과와 배의 개수를 각각 더하고 그 수를 비교하시오.

자, 어떤가요? 우리가 어릴 적 배우던 산수 문제와는 사뭇 다르지요? 예전의 덧셈 문제가 '3+5=☐, 7+4=☐ 빈칸의 수를 구하시오'와 같았다면, 요즘은 문제에서부터 큰 차이가 있습니다. 문제를 제대로 이해해야 그에 맞는 식을 세울 수 있는데요. 위의 문제에서는 '각각', '비교하라'의 의미가 무엇인지 알고 있어야 답을 써낼 수 있습니다. 이렇듯 문장을 읽고 해석하는 것은 비단 국어 과목뿐 아니라 수학, 과학, 사회 등 모든 영역에서 꼭 필요한 능력이 되었습니다.

국어력 부족으로 생기는 문제는 단지 학습에서만 발생하는 건 아닙니다. 아이들이 초등학교에 입학하면 다양한 규칙과 생활 태도를 배웁니다. 예컨대 수업 시간에는 자리에 바르게 앉아 선생님 말씀에 귀를 기울이고, 자리에서 이동하거나 친구와 장난을 치면 안 되는 것 등이 이에 해당하지요. 활달한 성향을 가진 아이들의 경우에는 입학 후 수업 환경에 적응하지 못해 어려움을 겪기도 하는데요. 1학년 교실에는 수업 중 갑자기 바닥에 드러눕거나, 교실을 마음대로 돌아다니는 아이들을 종종 만날 수 있습니다. 문제는 이런 일이 반복되면 선생님이나 친구들에게 반 분위기를 흩뜨리는 문제아로 낙인찍힐 수 있다는 것입니다.

그런데 이렇게 수업에 집중하지 못하는 아이들의 사정을 들어보면 성향에 문제가 있기보다는 단지 수업 내용을 이해하지 못하기 때문인 경우가 많다고 합니다. 국어력 부족은 학습 부진뿐 아니라 바르지 못한 수업 태도로 이어지기도 합니다. 수업 중 선생님 말씀을 도무지 알아들을 수 없기 때문에 집중력이 떨어지고 따라서 수업 태도도 흐트러지게 되는 것이지요.

국어력을 기르기 위한 가장 좋은 방법은 단연 '책 읽기'입니다. 책을 많이 읽은 아이들은 첫째, 독해력이 좋습니다. 긴 문장에서도 핵심 내용만을 분별하여 이해하는 힘이 있지요. 둘째, 어휘력이 풍부합니다. 모르는 단어가 있더라도 겁을 먹지 않으며, 문맥을 통해 단어를 이해합니다. 셋째, 집중력이 높습니다. 책 읽기를 통해 하나에 집중하여 몰입하는 방법을 알게 됩니다.

초등 교사들은 입을 모아 말합니다. "초등학교 때 책을 많이 읽는 것만으로도 상위권의 성적을 유지하는 데 큰 어려움이 없다"라고요. 이는 국어뿐 아니라 수학, 사회, 과학 등 모든 과목에 해당합니다. 《초등 고전읽기 혁명》의 저자 송재환 교사는 단지 고전을 읽는 것만으로도 6학년 반 아이들의 국어

평균 성적이 95점에 이르는 효과를 얻었으며, '국가수준 학업성취도평가'에서 반 아이들의 우수학력 비율이 80%를 차지했다고 밝혔을 정도입니다.

대부분의 초등 교사들은 교과서를 바탕으로 단원 평가나 시험 문제를 냅니다. 교과서만 제대로 읽어도 학교 시험에서 좋은 성적을 낼 수 있다는 뜻인데요. 이 시기의 아이들은 아직 '제대로 잘 읽는 방법'을 알지 못하기 때문에 부모의 도움과 역할이 어느 때보다 중요합니다.

잘 읽을 줄 아는 아이들은 교과서의 내용을 깊이 있게 이해하고 분석하며 정리할 수 있습니다. 그러나 제대로 읽지 못하는 아이들은 똑같은 시간 동안 교과서를 붙잡고 있어도 글의 문맥조차 이해하지 못하지요. 아무리 글을 읽어도 이해가 되지 않으면 아이는 지치게 되고, 나중에는 조금만 어려운 문장 앞에서도 이해하기를 포기합니다. 그러므로 이 시기 부모들은 우리 아이의 '읽기'에 문제는 없는지, 관심을 가지고 지켜봐야 합니다.

읽기의 중요성은 중·고등학교 진학한 이후 더욱 커집니다. 상급 학교로 갈수록 학습의 난도가 높아지기 때문에 읽기가 제대로 된 아이와 그렇지 못한 아이가 쉽게 구분이 되지요. 교육·입시 전문가들은 중·고등학교 때 열심히 공부해도 성적이 오르지 않는 아이들의 문제로 '정독 능력'과 '이해력'의 부족을 꼽습니다. 읽기 실력은 단기간에 쌓기 어렵습니다. 초등학교 때 반드시 읽기 습관을 들여야 하는 이유는 이 때문입니다. 아이 학습과 직결되는 '읽기 교육' 지금 바로 시작하지 않으면 늦을 수 있습니다.

스스로 공부하는 아이를 만드는 읽기 교육

소설 《노인과 바다》로 '퓰리처상'과 '노벨문학상'을 수상한 어니스트 헤밍웨이. 깊이 있는 철학과 독특한 문체로 오랜 세월 수많은 독자의 사랑을 받은 그는 '빙산 이론'이라는 문학 기법으로 유명한데요. '빙산 이론'이란 마치 물 위에 떠 있는 빙산처럼, 극히 일부를 표현하는 것만으로도 마치 전체를 말한 것과 같은 느낌을 주는 글쓰기의 한 가지 방식입니다.

우리 아이들의 책 읽기 역시 '빙산 이론'으로 설명할 수 있습니다. 책을 많이 읽은 아이들은 당장 겉으로는 별 차이가 없어 보이지만 내면의 힘이 심대합니다. 마치 바다 아래 위용을 숨기고 있는 빙산처럼 말이지요.

꾸준한 독서는 학습량이 늘어나고 난도가 높아질수록 큰 힘을 발휘합니다. 특히 요즘처럼 자기주도학습이 대세일 때는 더욱 그렇지요. 자기주도학습이란 아이 스스로 학습의 주도권을 갖는 것을 말하는데요. 이 용어를 처음으로 만든 송인섭 교수는 오디오클립 〈말하기로읽기쓰기〉에서 "많은 학부모가 자기주도학습의 의미를 잘못 이해하고 있다"라고 말하며 안타까움을 전했습니다. 그는 "자기주도학습이란 결코 남의 도움 없이 혼자서 하는 공부를 말하는 것이 아니다"라며 "부모들이 자칫 '스스로'라는 단어에 매몰돼 아이를 방치한다면 오히려 독이 될 수 있다"라고 우려했습니다. 결국 자기주도학습은 '어떻게 공부하느냐'가 아니라 '학습의 주체가 누구인가', 즉 공부 주도성이 핵심인 셈입니다.

그렇다면 아이의 공부 주도성은 어떻게 키워줄 수 있을까요? 어려서부터 학습지나 학원 등을 통해 공부하는 습관을 들인 아이는 시키는 것만 공부하도록 길들여질 수 있습니다. 일단 학습지를 풀거나 학원에 가서 수업을 듣고 숙제를 하는 것이 공부라는 인식이 심어지면 스스로 공부하는 습관을 지니기 어려워지지요.

많은 교육 전문가들은 자기주도학습의 키워드로 '독서 습관'을 꼽습니다. 독서가 자기주도학습의 핵심인 가장 큰 이유는 책을 통해 흥미 있는 분야를 찾을 수 있기 때문입니다. 관심 분야가 생기면 지적 호기심을 느끼게 되고 이는 자연스럽게 학습 동기로 연결됩니다.

또한 꾸준한 읽기로 독서가 훈련된 아이들은 그렇지 않은 아이들과 비교해 같은 시간 동안 훨씬 많은 양의 학습이 가능합니다. 이는 다양한 연구 조사에서도 증명된 사실인데요. 한국직업능력개발원이 '독서와 학업 능력의 상관관계'에 대해 11년간 추적 조사해 발표한 자료에 따르면, 고교 재학 3년 동안 책을 단 한 권도 읽지 않은 학생과 11권 이상의 책을 읽은 학생 간의 수능 표준 점수 차이가 최대 20점까지 벌어지는 것으로 나타났습니다. 특히 이는 언어영역에 국한된 것이 아니라 수리영역과 외국어영역에서까지 나타나 읽기 능력이 전 과목 학습에 큰 영향을 준다는 사실이 검증된 셈이지요.

평소 느긋하고 차분한 성격의 부모들도 유독 자녀 문제에서만큼은 조급해하는 경향이 있습니다. 저 역시 큰아이가 세 돌이 지나도록 '엄마'라는 말밖에 할 줄 모르자 언어 치료를 받아야 하는 것은 아닌지, 발달에 문제가 있는 것은 아닌지 온갖 호들갑을 떨었던 기억이 있는데요. 돌이켜보면 무척 부끄러운 일입니다. 이제 막 공부 마라톤의 출발선에 선 아이들에게 눈앞에 보이는 성과에만 연연해 다그치며 조바심을 내는 건 우스운 일입니다. 초등학교 아이들이 고작 몇 년 뒤 교과과정을 미리 배우느라 에너지를 쏟을 필요가 없는 것도 바로 이런 이유 때문입니다. 우리 아이들에게 지금 가장 필요한 건 공부의 '기술'이 아니라 '기초 체력'을 쌓는 것입니다. 지금은 다른 무엇보다도 '읽기'에 집중해야 합니다.

잘 읽는 아이가 잘 쓰고, 말도 잘한다

혹시 '프레젠터presenter'라는 직업을 아시나요? 본래 이는 영국에서 라디오나 텔레비전 진행자를 부르는 말인데요. 우리나라에서는 각종 회의에서 발표를 하는 사람을 '프레젠터'라고 합니다. 특히 기업에서 프레젠테이션은 그 성패 여부에 따라 수익이 좌우될 수도 있기 때문에 무척 중요한데요. 이 때문에 공공기관, 기업 등에서는 중요한 프레젠테이션 시, 외부에서 전문 프레젠터를 고용하기도 합니다.

기업에서 말하기의 중요성은 점차 커지는 추세입니다. 입사 시 면접부터 회의, 발표뿐 아니라 직장 내 소통 능력까지 모두 말하기의 영역입니다. 성인들의 스피치 수업이 성행하는 이유도 이 때문인데요. 그래서 대기업과 일부 공공기관에서는 정기적으로 임직원을 대상으로 말하기 교육을 하기도 합니다.

저도 몇 해 전부터 기업에서 〈직장 내 커뮤니케이션〉을 주제로 강의를 맡고 있습니다. 매 수업 시간, 직원들에게 주제를 정해주고 한 사람씩 앞으로 나와 발표하는 방식으로 진행하는데요. 많은 사람 앞에서 이야기하는 일은 성인들에게도 쉽지 않습니다. 수업 중 많은 사람이 얼굴을 붉히며 멋쩍어하기 바쁜데요. 반면 당당한 태도로 자기 생각을 논리 정연하게 말하는 이들도 있습니다. 그럴 때마다 저는 "평소 책 많이 읽으시지요?"라고 묻는데, 열의 아홉은 고개를 끄덕입니다.

우리나라 성인은 일 년 동안 몇 권의 책을 읽을까요? 통계 자료를 찾아보았더니 작년 한 해, 우리나라 성인들은 평균 8.7권의 책을 읽은 것으로 나타났습니다. 일 년에 아홉 권이면 한 달에 채 한 권의 책도 읽지 않는다는 뜻입니다. 기업 강연에서 만난 직장인들에게 "왜 책을 읽지 않나요?"하고 물으면 "시간이 없어서"라고 답하는 경우가 많은데요. 이는 사실일까요?

지금부터 여러분이 오늘 하루, 무슨 일을 하며 보냈는지 찬찬히 되짚어 봅시다. 저는 오늘 아침 아이들을 학교에 보내고 난 뒤, 커피 한 잔을 하며 기사를 검색하고 지인의 SNS를 구경했고요. 저녁을 먹고 나서 드라마도 한 편 보았습니다. 물론 일상에서 휴식의 시간은 필요합니다. 하지만 사람들이 흔히 하는 오해 중 하나는 독서가 휴식이나 즐거움이 아닌 공부나 일이라는 생각입니다. 알고 보면 책은 텔레비전 예능프로그램 못지않은 재미를 줍니다. 밀란 쿤데라, 톨스토이의 책을 읽어야만 독서인가요. 요리나 낚시, 골프 등 취미와 관련한 책을 훑는 것도 독서요, 아이들에게 그림책을 읽어주는 것 역시 독서입니다. 박경리, 조정래 등 우리 작가들이 쓴 소설은 언제, 어디서 읽어도 색다른 글맛과 감동이 있지요.

책을 많이 읽으면 어휘가 늘고 말을 표현하는 깊이가 달라집니다. 우리나라 말은 한 가지의 상황에도 여러 가지 표현이 가능하다는 특징이 있지요. 색을 나타내는 단어만 보아도 그렇습니다. 영어로 노란색은 'yellow' 하나이지만 우리말은 어떤가요? 어쩐지 앳된 느낌이 있는 노랑은 '샛노란 색', 노랑의 기운이 진한 느낌은 '진노랑', 단지 노란색 기운이 있는 노랑은 '노리끼리한 색', 노리끼리한 것이 조금 더 탁해지면 '누리끼리한 색'이라고 표현하지요. '노르스름하다', '누르스름하다'라는 말도 노란색의 여러 갈래 중 하나입니다.

색깔 하나도 느낌에 따라 이렇게 다양한 표현이 가능한데, 동사나 형용사는 말할 것도 없습니다. 글을 잘 쓰는 사람들은 대체로 상황에 딱 맞는 단어와 표현으로 독자들의 공감을 끌어냅니다. 말을 잘하는 사람들도 예외가 아니지요. 아나운서로 일한 지 어느덧 16년 차이지만 아직도 방송이나 인터뷰를 할 때, 적시에 맞는 단어를 찾지 못해 우물거리거나 잠시 말을 멈추는 경우가 있습니다. 그럴 때는《이오덕의 글쓰기》나《유시민의 글쓰기 특강》, 《토지》같은 책들을 꺼내어 읽습니다. 어느 부분은 소리를 내서 읽기도 하고요. 때로는 필사도 합니다. 필사는 책을 천천히 음미할 수 있는 읽기의 한 방식으로 색다른 즐거움을 줍니다.

어릴 때부터 좋은 책을 많이 읽은 아이들은 굳이 따로 시간을 내어 논술학원에 다니거나 스피치 교육을 받지 않아도 문장가에 능변가가 될 가능성이 높습니다. 적어도 단기간에 큰돈을 들여 코치를 받은 사람들보다는 월등히 뛰어날 것이 확실합니다.

읽기가 영향을 미치는 건 비단 말하기만이 아닙니다.《유시민의 글쓰기 특강》에서 유시민 작가는 글을 잘 쓰는 첫 번째 비법으로 단연 책 읽기를 꼽습니다. 유시민 작가뿐 아니라 수많은 유명 작가들이 글을 잘 쓰는 비법으로 하나같이 '독서'를 지목하고 있지요.

책을 많이 읽은 사람들이 말도 잘합니다. 이는 저의 경험으로 증명할 수 있습니다. 저는 〈TV, 도서관에 가다〉을 진행하며 수많은 유명 작가들을 만나왔습니다. 김용택·김경주·나태주 시인, 은희경·장강명·한수산·김진명·이외수 작가 등 이름만 들으면 누구나 알 만한, 가히 우리나라를 대표하는 문장가들이지요. 이들은 글을 잘 쓴다는 것 외에도 한 가지 공통점이 있는데요. 바로 '말을 잘한다'라는 겁니다. 물론 자신이 쓴 책과 평소 철학에 대한 이야기를 나누기에 막힘이 없는 것일 수도 있겠지요. 하지만 여러 대의 카메라와 관중 앞에서 자신의 생각을, 그토록 정갈하게 펴기란 절대 쉽지 않습니다. 앞서 언급한 작가들은 그 어떤 질문에도 깊이 있는 지식과 논리 있는 전개로 막힘없이 자신의 이야기를 펼칩니다.

정리하자면, 글을 잘 쓰는 사람들은 많은 책을 읽은 사람이고, 책을 많이 읽은 사람들은 말을 잘합니다. 말을 잘하는 사람들이 글도 잘 쓰고요. 말이 먼저인지, 글이 먼저인지 혼동되시나요? 이와 관련해서는 학자들 사이에도 공방이 있지만, 사람이 태어나 글보다 말을 먼저 배우기 때문에 말이 먼저가 아닌가 합니다.

말을 잘하려면 모쪼록 좋은 표현과 문장을 많이 읽어야 합니다. 읽고 쓰고 말하는 것은 이렇듯 서로 촘촘하게 얽혀있습니다. 마치 안팎의 구별이 없이 서로 꼬여 있는 뫼비우스의 띠처럼 말이지요. 읽기, 쓰기, 말하기는 어느 것 하나 따로 떼어서 배울 수 없습니다. 기존에 출간된 국어나 독서 교육 관련 책들은 읽기 혹은 쓰기의 중요성에 대해서만 단편적으로 언급하고 있습니다. 그러나 저는 읽기, 쓰기, 말하기는 반드시 함께 교육해야 한다고 주장합니다. 읽기를 통해 쓰기와 말하는 법도 함께 익혀야 더 큰 효과를 내기 때문입니다.

공	부	머	리	를		만	드	는						

똑	똑	한		읽	기	법								

모든 공부의 기초 공사, 초등 입학 전후

제 큰딸 솔이는 올해 열한 살, 초등학교 4학년입니다. 제가 솔이 또래였던 80년대만 하더라도 초등학생들이 받는 사교육이라면 피아노, 웅변, 주산 정도가 전부였습니다. 영어 학원에 다니는 아이들도 고학년 들어서 어쩌다 한두 명이었지 지금처럼 유치원 때부터 영어에 골머리를 앓지는 않았었지요.

하지만 예나 지금이나 변함없는 사실은 '초등학생은 공부보다 노는 게 더 즐겁다'라는 것입니다. 책상 앞에 앉아 따분한 학습지를 푸는 것보다 운동장에서 모래 먼지가 일도록 뛰어놀 때 확실히 더 신이 나지요. 그런데 평일 낮 시간에 놀이터에서 미끄럼틀을 타거나 술래잡기를 하는 아이들을 찾아보기가 쉽지 않습니다. 그 많은 아이는 전부 어디에 있는 걸까요? 네, 맞습니다. 요즘 아이들은 놀이터가 아니라 학원에 있습니다. 학교 수업을 마친 아이들은 각각 영어나 수학 학원 차량에 몸을 싣고 상가 안, 작은 공부방으로 모여듭니다. '초등학생은 노는 게 공부지'라는 생각에 그저 놀게 했더니만, 같이 어울릴 친구가 없어서 어쩔 수 없이 학원에 보낸다는 이웃 엄마의 푸념에 고개가 끄덕여집니다.

초등학교 2학년이지만 벌써 5, 6학년 수학 문제집을 푼다는 어느 집 아이는 학교 공부보다 경시대회 준비에 열을 올립니다. 영어 유치원을 졸업한 아무개는 영어 토론대회에서 상을 타는가 하면 《해리포터》 원서를 줄줄 읽습니다. 이런 소식을 전해 들은 날이면, '혹시 이러다 우리 아이만 뒤처지는 것 아닌가' 하는 마음에 조바심이 나기 마련이지요.

과연 사교육을 통한 선행학습이 우리 아이를 우등생으로 만드는 지름길일까요? 일찌감치 수학 학원에 다니기 시작해서 3학년임에도 벌써 함수를 배운다는 한 아이는 정작 학기말 고사에서 만점을 받지 못했습니다. 선행학습에 집중하느라 학교 진도를 소홀히 한 탓입니다. 조기 영어 교육이 오히려 낭패가 된 경우도 있습니다. 아무리 영어가 경쟁력인 시대라지만 우리 교육의 모든 수업과 평가는 우리말로 이루어집니다. 더구나 요즘은 대부분의 시험이 서술형으로 출제되기 때문에 글을 잘 읽고 쓰지 못하면 좋은 점수를 내기 어렵지요. 실제로 영어 유치원을 졸업한 아이들은 정작 한글 독해력이 떨어지는 탓에 수업 과정을 따라가느라 애를 먹는 경우가 흔합니다.

초등학교는 아이가 겪는 첫 번째 사회입니다. 아이들은 학교 교실에서 또래 아이들과 관계를 맺고 소통하는 법을 배우지요. 정해진 시간에 수업하고 화장실을 가며 점심을 먹고, 줄을 서서 이동하는 등 단체 생활을 통해 규칙을 배웁니다. 숙제와 알림장, 준비물을 챙기고 자기의 물품은 사물함에 보관하는 등 자율성과 독립성을 깨치고요.

공부하는 법을 배우는 것도 이 시기에 익혀야 할 중요한 과제입니다. 다만 학교에서 배울 내용을 미리 익히는 것보다 중요한 건, 공부의 밑바탕, 즉 기초를 다지는 일입니다. 모름지기 건물 하나를 세울 때도 기초 공사가 튼튼해야 하는 것처럼 말이지요. '읽기, 쓰기, 말하기'야말로 공부의 기본이자 기초 공사가 아닐까요.

얼마 전 대학수학능력시험 결과가 발표됐습니다. 가장 화제가 된 건 단연 언어영역, 그중에서도 비문학입니다. 전문가들은 비문학에서 가장 중요한 것은 독해력과 사고력인데 이는 결코 단기간에 길러지지 않기 때문에 많은 학생이 어려움을 겪는다고 분석했습니다. 독해력이 약하면 지문을 읽는 데 시간이 오래 걸립니다. 가뜩이나 촌각을 다투는 시험에서 지문조차 제대로 이해하지 못한다면 문제를 맞히기 어려울 수밖에 없지요. 교육 전문가들은 앞으로는 언어영역이 수능의 변별력이 되리라 전망합니다. 영어, 수학 등 비교적 단기간에 점수를 올릴 수 있는 과목에 비해 오랜 시간 내공을 쌓아야 하는 국어야말로 상위권을 가르는 기준이 된다는 설명입니다.

읽기가 중요한 건 비단 대학 입시 때문만은 아닙니다. 미래 사회에서 가장 중요한 핵심 가치는 '협업'과 '융합'이라고 하지요. 누가 머릿속에 더 많은 지식을 쌓느냐가 아니라, 이미 저장된 데이터베이스를 배열하고 조합해 새로운 콘텐츠를 만들어내는 능력이 주목받는다는 뜻입니다. 당장 올해부터 고등학교에 문·이과가 사라지고 통합과목을 배우게 되는 것도 이런 추세를 반영한 것이지요. 이런 시대의 흐름에 가장 필요한 것 역시 독서임은 두말할 필요가 없습니다. 단, 책을 단지 읽는 것뿐 아니라 이를 통해 쓰기와 말하기로 연결하는 '융합 독서' 활동으로 연계하는 것이 중요합니다. 이를 제대로 학습할 시기는 초등 입학 전후가 가장 좋은 건 두말할 나위가 없습니다. 한글을 읽고 쓰고 말하는 데 재미를 붙이기 시작한 때가 바로 이 무렵이기 때문입니다.

문제를 이해하지 못하는 아이들

흔히 '아무리 좋은 선생도 제 자식은 잘 가르치지 못한다'라고 하지요. 저도 대학에 다니던 시절에는 꽤 인기 있는 과외선생님이었는데요. 엄마가 되고 보니 돈을 받고 남을 가르치는 것과 자식을 가르치는 일은 전혀 다르다는 걸 느낍니다.

일 년 전쯤 일입니다. 어느 날 솔이가 모르는 문제가 있다며 도움을 요청했습니다. 저는 최대한 아이가 이해하기 쉽도록 최선을 다해 설명했지요. 하지만 아이는 여전히 이해가 되지 않는 모양이었습니다. 계속되는 설명에도 아이가 엉뚱한 답을 내놓자 저도 모르게 목소리가 커졌습니다. 결국, 곁에서 잠자코 듣고 있던 남편이 팔을 걷고 나섰지요.

"왜 그렇게 애한테 화를 내. 애가 잘하지 못할 수도 있지. 비켜 봐, 내가 가르쳐볼게."

얼마 뒤, 남편은 잔뜩 풀이 죽은 얼굴로 다가오더니 한숨이 섞인 목소리로 이렇게 속삭였습니다.

"어쩌지, 솔이는 아무래도 공부에는 소질이 없는 것 같아."

모든 부모는 자녀에 대해 근거 없는 환상을 갖습니다. 우리 아이는 남들과 좀 다를 거라고, 공부도 운동도 응당 잘할 것이라고 말이지요. 비록 부질없는 바람일지라도 부모는 가능한 한 오래도록 그 기대를 놓지 않습니다. 그렇기 때문에 자녀의 작은 실수나 실패에도 크게 실망하고 좌절하는 것이겠지요.

아래는 솔이가 우리 부부를 잠시나마 실의에 빠뜨리게 만들었던 문제입니다.

| 문제 |

구슬을 민주는 16개, 아현이는 24개 가지고 있습니다. 아현이가 민주에게 구슬을 몇 개 주어야 민주와 아현이가 가지고 있는 구슬의 수가 같아지는지 풀이과정을 쓰고 답을 구하시오.

초등학교 2학년 〈덧셈과 뺄셈〉에 나오는 문제입니다. 어른들이 보기에는 간단한 문제지만 초등학교 2학년이 이해하기에는 다소 어려울 수 있겠지요. 솔이는 처음 이 문제를 보았을 때 한껏 풀이 죽은 목소리로 이렇게 말했습니다.

"엄마, 문제가 너무 길어요. 문제를 끝까지 읽다 보면 앞부분을 잊어버려요. 그래서 다시 앞부분을 읽으면 또 뒷부분이 기억이 안 나요."

문제가 길어지면 아이들은 문제 자체를 이해하지 못해 힘들어합니다. 이것이 문장을 이해하는 능력인 독해력이 있어야 하는 이유입니다. 결국 국어를 잘해야 수학도 잘할 수 있지요.

6세~13세, 읽기 습관을 만들 최적의 시기

딥 러닝Deep Learning이라는 말, 혹시 들어보셨나요? 컴퓨터가 마치 사람처럼 생각하고 배울 수 있도록 만든 딥 러닝은 인간의 뇌에서 이루어지는 정보 처리 과정을 모방해 사물을 분류하고 예측하는 기술을 뜻하는데요. 이세돌 9단과의 바둑 대결에서 승리한 알파고의 경우 48단계의 인공신경망을 사용한 것으로 유명하지요.

딥 러닝의 원조 격인 인간의 뇌 또한 가능한 한 많은 자극과 경험 정보를 습득할수록 높은 사고력을 가집니다. 4차 산업혁명 시대, 인간 대 인공지능의 대결에서 어느 쪽이 승자가 될 것인가에 대한 논란이 많은데요. 우리에게는 인공지능이 따라올 수 없는 무기가 있지요. 바로 상상력과 창의력입니다. 인간의 뇌로 습득한 정보와 지식은 빅데이터의 양과는 비교할 수 없겠지만 이를 새롭게 조합하고 만들어내는 인간의 능력은 알파고를 능가하기 때문입니다.

전문가들은 인간의 딥 러닝이 폭발적으로 증가하는 시기는 따로 있다고 말하는데요. 서울대 소아·청소년 정신의학과 김붕년 교수는 아이들의 상상력과 창의력은 뇌의 가장 앞부분인 전전두엽에서 나온다면서 책 읽기야말로 전전두엽을 자극하는 최고의 방법이라고 주장합니다. 인간의 뇌 발달은 생후 8개월부터 6세 이전이 결정적 시기인데요. 이때 뇌의 신경 회로 형성도 가장 활발해집니다. 이후 속도는 더디지만 초등학교 5, 6학년인 만 12세까지는 뇌의 신경 회로의 수가 지속해서 늘기 때문에 적어도 이 시기 이전에 책을 읽는 습관을 길러주는 것이 무척 중요합니다.

흔히 '공부에는 때가 없다'라고들 합니다. '공부는 나중에 해도 괜찮으니 지금은 그저 놀아도 좋다'라는 의미일까요? 사실 이 말은 늦게나마 공부를 시작하는 사람들을 위한 응원에 지나지 않습니다. 이제 막 인생을 시작하는 우리 아이들이 가능한 한 적기에 효과적으로 공부할 수 있도록 돕는 건 부모의 책임이자 의무입니다. 그러므로 가능하면 가장 높은 효과가 나타날 시기에 읽고 쓰고 말하는 습관을 길러주는 것이 중요합니다.

응급상황에서 환자를 구조하기 위한 결정적 시간을 '골든타임'이라고 하지요. 우리 아이들의 읽기, 쓰기, 말하기에도 골든타임이 있는 셈입니다. 이 시기 부모가 조금만 관심을 기울이면 아이의 능력은 폭발적으로 증가합니다. 혹시 '자기가 하고 싶을 때가 되면 알아서 하겠지'라는 생각으로 아이를 마냥 내버려 두고 계시지는 않나요? 오은영 소아정신과 박사는 "아이 학습에 대한 과잉 반응만큼 무조건 낙관적인 태도도 나쁘다"라고 지적합니다. 학습은 아이의 인지발달에 중요한 과정이므로 부모가 이를 돕는 것은 당연한 의무라는 것이지요.

읽기, 쓰기, 말하기는 학습의 기본입니다. 더욱이 큰돈과 시간을 들이지 않아도 부모의 관심으로 충분히 교육할 수 있지요. 아이를 마냥 내버려 두는 것이 혹시 아이를 위하는 것으로 착각하고 계시지는 않나요? 만 12세까지, 골든타임을 놓치지 않는 것만으로도 아이의 인생이 달라질 수 있습니다.

습관보다 센 재미의 힘

"인간이 하는 행위의 99퍼센트는 습관에서 나온다."

근대 심리학의 창시자로 일컫는 미국의 심리학자, 윌리엄 제임스의 말입니다. 생각해 보면 우리의 일상 중 많은 부분은 습관에 의해 이루어집니다. 양치질할 때 칫솔에 치약을 묻히는 것부터 시작해 식사 후 커피를 마시는 것, 잠들기 전 스마트폰을 보는 것까지 모두 습관의 일종이니까요.

'반복되는 행동이 만드는 극적인 변화'를 다룬 책, 찰스 두히그의《습관의 힘》. 전 세계적으로 무려 300만 명이 넘는 독자들에게 꾸준히 사랑을 받는 이 책은 윌리엄 제임스의 이론에 확실한 근거를 제시합니다. 책에 따르면 습관이 만들어지는 세 가지 단계, 즉 '신호 → 반복 행동 → 보상'을 이용해 개인과 단체의 습관을 바꾸고 성공을 끌어낼 수 있다고 말합니다. 이 책에서는 특히 '핵심 습관'에 주목하는데요. '핵심 습관'이란 사소한 행동을 반복함으로

써 극적인 변화를 끌어내는 것을 뜻합니다. 일례로 올림픽 역대 최다 금메달을 따낸 수영 천재, 마이클 펠프스. 그는 매일 잠들기 전 머릿속에 자신의 경기 장면을 상상하는 '핵심 습관'으로 최악의 상황에서도 세계 신기록을 기록하며 금메달을 따냈습니다.

그렇다면 독서나 공부도 습관으로 만들 수 있지 않을까요?

그럼 여기서 습관의 고리를 다시 한 번 살펴보겠습니다. 습관은 '신호 → 반복 행동 → 보상'의 세 단계를 밟습니다. 보상에는 여러 가지가 있을 수 있겠지요. 마이클 펠프스에게는 '올림픽 대회 우승'이 세상에서 가장 달콤한 보상이었을 테고요. 우리 아이들의 독서 습관의 보상으로는 용돈이나 선물 정도가 될 수 있습니다. 게임이나 만화영화 시청이 될 수도 있고요. 그런데 과연 용돈이나 선물이, 마이클 펠프스의 '올림픽 대회 우승'과 같은 성취와 흥분의 효과를 줄 수 있을까요?

《나쁜 습관 정리법》의 고도 토키오는 좋은 습관을 만드는 것보다 나쁜 습관을 빼는 것이 먼저라고 했습니다. 좋은 습관을 들이는 것이 그만큼 어렵다는 뜻이겠지요. 흡연, 음주, 도박 등은 대표적인 나쁜 습관입니다. 이들의 공통점은 무엇일까요? 바로 '재미와 즐거움'이 있다는 겁니다. 다시 말해, 재미만 있다면 누가 굳이 시키지 않아도 알아서 하게 됩니다. 아이들이 좋아하는 스마트폰 게임, 텔레비전 시청 또한 재미있기 때문에 즐기는 것이겠지요.

결국, 습관보다 더 강한 것은 '재미'입니다. 재미가 있다면 굳이 반복 행동과 보상이라는 과정도 필요 없겠지요. 읽기도 마찬가집니다. 재미만 있다면 그 어떤 보상도 필요치 않습니다.

며칠 전 20여 년 만에 초등학교 동창들을 만났습니다. 친구들은 제가 아나운서가 되었다는 사실에 무척 놀라워했지요. 어린 시절, 저는 말이 없고 내향적인 성격이었거든요. 그래서 당시 저희 어머니는 무척 걱정이 많으셨습니다. 제가 친구들과 잘 어울리지 못한다고 생각하셨기 때문이지요. 어머니는 이따금 저를 놀이터로 데리고 가서는 "얘들아, 보영이랑도 같이 놀지 않을래?" 하며 무리에 슬쩍 밀어 넣으시곤 했습니다. 그러면 동네 아이들은 썩 내키지 않는 표정으로 마지못해 제 손을 이끌었지요. 어찌나 부끄럽고 창피하던지, 이 순간이 어서 빨리 지났으면 속으로 빌고 또 빌었던 기억이 생생합니다.

　　당시 제가 친구들과 어울리지 않았던 건 순전히 책 때문이었습니다. 밖에서 뛰어노는 것보다 집에서 책을 읽는 게 훨씬 더 재미있었거든요. 가끔 아이가 매일 집에서 책만 본다며 고민을 토로하는 엄마들을 만날 때면 저는 "걱정하지 마시라"라고 말합니다. 아이가 책에만 집중하는 이유는 특별히 사회성이 부족하거나 친구들과 노는 게 싫어서가 아니라, 그저 책이 재미있기 때문이라는 걸 누구보다 잘 알고 있기 때문입니다. 만일 아이가 나쁜 영향을 끼치는 책에 빠진 것이 아니라면 크게 걱정할 필요는 없어 보입니다.

　　반대로 자녀가 책을 많이 읽지 않아서 걱정이라면, 독서에 재미를 느끼도록 도와야 합니다. '천재는 노력하는 사람을 이길 수 없고, 노력하는 사람은 즐기는 사람을 이길 수 없다'라는 공자의 유명한 말이 있지요. 아이가 흥미를 느낄 만한 책을 찾아 주거나 함께 읽고 이야기를 나누면서 독서의 즐거움을 깨닫도록 이끌어주어야 합니다. 책 읽는 즐거움을 찾았다면, 그것만으로도 앞으로 공부의 절반은 이룬 셈이기 때문입니다.

국	어		교	육	,								
왜		점	점		중	요	해	질	까	?			

대입 성공의 열쇠는 국어다

이따금 아이들이 학교에 간 시간, 아이 친구 엄마들과 티타임을 가집니다. 비슷한 또래의 아이를 키우는 엄마들과의 만남은 다른 곳에서는 받을 수 없는 위로와 힘이 됩니다. 학교 동창이나 사회 동료들과는 다른, '아이를 키우는 엄마 동지'라는 묘한 동질감 때문이지요.

　　며칠 전 중·고등학생 자녀를 둔 선배 엄마들과의 모임이 있었는데요. 단연 화두는 대학 입시였습니다. 요즘 대학 입시는 과거 내신과 수능으로 이루어졌던 것과는 확연히 다릅니다. 논술전형, 학생부전형, 특기자전형 등 종류도 많고 복잡하기 그지없지요. 도무지 뭐가 뭔지 잘 모르겠다는 분들 많으실 텐데요. 얼마 전 교육 방송에 출연한 한 입시 전문가는 현재의 입시 전형에 대해 이런 촌평을 내놓더군요.

"요즘은 아이가 대학에 잘 가려면 엄마의 학력이 중요합니다. 엄마가 똑똑할수록 입시에 성공할 확률이 높기 때문이지요. 단, 엄마가 똑똑하기만 해서는 안 됩니다. (입시 정보를 챙기기 위한) 시간도 많아야 합니다."

실없는 농담으로 치부하기에는 어쩐지 씁쓸한 생각이 듭니다. 이미 엄마들 사이에서는 부모의 정보력과 인맥이 자녀의 대입을 위한 경쟁력이라는 말이 공공연하게 돌고 있는 현실이니 말이지요.

요즘 대학교 입시 전형은 그야말로 이해하기 어려운 난수표가 따로 없습니다. 개수로 따지면 무려 수천 가지에 이른다고 하는데요. 아주 단순하게 정리하면 수시와 일반 전형으로 나눌 수 있습니다.

여기서 수시모집은 학생부 기록 전반을 평가하는 학생부 종합전형과 과거 내신이라 불리는 교과 성적을 중심으로 한 학생부 교과전형, 그리고 학생부와 논술점수를 병행하는 논술전형, 그리고 특기와 재능을 보유한 학생을 선발하는 실기(특기자)전형으로 다시 세분됩니다. 예전에는 학력고사나 수능에서 고득점을 받으면 좋은 대학에 갈 수 있었지만 더 이상 그것만으로는 부족합니다. 특히 학생부 종합전형의 경우, 수상 실적과 자격증, 리더십 활동, 진로 활동, 독서 활동 등 다양한 평가 항목이 있는데요. 이때 많은 학생이 독서 활동을 선택합니다. 자신의 진로와 관련한 책을 읽고 기록장을 만들거나 느낀 점 등을 정리해 면접용으로 준비하기도 하고요.

특히 자기소개서가 중요한데요. 워낙 경쟁이 치열하다 보니 돈을 받고 이를 대신 써주는 업체들도 등장했습니다. 도대체 자기소개서가 뭐기에, 적지 않은 돈을 들여가며 불법 거래를 마다하지 않는 것일까요? 다음은 모든 대학의 공통 자기소개서 문항입니다(2016년).

---

1 고등학교 재학 기간 중 학업에 기울인 노력과 학습 경험에 대해 배우고 느낀 점을 중심으로 기술해 주시기 바랍니다(1,000자 이내).

2 고등학교 재학 기간 중 본인이 의미를 두고 노력했던 교내 활동을 배우고 느낀 점을 중심으로 3개 이내로 기술해 주시기 바랍니다(1,500자 이내).

3 학교생활 중 배려, 나눔, 협력, 갈등 관리 등을 실천한 사례를 들고, 그 과정을 통해 배우고 느낀 점을 기술해 주시기 바랍니다(1,000자 이내).

서울대학교의 경우에는 '고교 3년 동안 읽은 책 중 자신에게 가장 큰 영향을 준 책을 선정하고 그 이유를 기술하라(각 500자 이내)'라는 내용이 출제됐습니다.

자기소개서 대리 작성 등에 대한 논란이 커지자 2017년 새롭게 출범한 정부는 대입 전형을 점차 간소화하겠다고 발표했습니다. 2021년까지 논술전형을 줄여나가겠다는 계획도 함께 제시했지요. 그러나 대다수의 전문가는 논술이 축소되어도 면접 등 다른 방식을 통해 쓰기와 말하기에 대한 평가는 계속될 것으로 전망하고 있습니다. 쓰기와 말하기는 대학뿐 아니라 사회에서도 반드시 요구되는 필수 항목이기 때문이지요.

자기소개서나 독서 활동뿐 아니라 교과에서 국어의 중요성은 갈수록 커지는 추세입니다. 특히 2018학년도 수능부터 영어가 절대평가로 바뀌면서 대학이 입시 반영 비율이 낮아지자 국어의 중요성은 더욱 부상하고 있지요. 실제로 이번 수능에서 국어 과목의 난도가 높아졌는데요. 많은 전문가는 앞으로 대입에서 국어가 시험의 변별력을 좌우하게 될 것으로 전망하고 있습니다.

국어 교육을 강조하는 것은 굳이 대입 때문만은 아닙니다. 현대 경영학의 창시자 피터 드러커는 "21세기는 지식의 시대이며, 지식의 시대에는 배움의 끝은 없다"라고 말했습니다. 이제는 대학을 졸업을 끝으로 공부와 담을 쌓는 시대가 아닙니다. 평생 새로운 지식을 쌓으며 공부하는 시대가 된 것이지요. 그러므로 무슨 일을 하든지 간에 분야를 막론하고 말을 잘하고, 글을 잘 쓰는 능력은 필요합니다. 일 년이 멀다하고 바뀌는 입시, 교육 정책에 일희일비하기보다는 우리 아이의 평생 공부의 기초를 닦는다는 생각으로 읽고 쓰고 말하는 훈련에 더 많은 관심을 기울여야 합니다.

핀란드는 어떻게 교육 강국이 되었나

요즘 학부모들 사이에서 핀란드 교육에 대한 관심이 뜨겁습니다. 한동안 엄마들 사이에서는 핀란드 교육을 주제로 한 다큐멘터리 영상이 유행처럼 돌기도 했지요.

　장차 무엇이 될 것인가에 대한 고민보다는 어느 대학에 입학할 것인가를 더 고민하는 우리 아이들. 치열한 경쟁을 뚫고 명문대에 입학한다고 한들, 졸업 후 안정된 삶을 보장하기 어렵습니다. '헬조선'이라는 다소 무시무시한 말이 엄살로 들리지만은 않는 까닭입니다.

　핀란드의 교육 우수성은 흔히 수치로 회자됩니다. OECD에서는 3년마다 회원국 청소년들의 학습 능력을 조사하는데요. 이른바 국제학업성취도평가, PISA입니다. 핀란드는 우리나라, 일본 등 교육열이 높기로 유명한 나라들을 제치고 PISA에서 줄곧 1위를 자치하고 있습니다. 더구나 우리나라와 핀란드 학생이 사교육을 받는 시간은 무려 36배 이상 차이가 난다는 조사 결과도 있습니다. 즉, 우리나라 아이들이 핀란드보다 공부하는 시간은 월등히 높은 데 반해 성취도는 못 미친다는 뜻이지요. '핀란드식 방법finnish method'이라고 불리는 핀란드 교육의 힘은 과연 어디에서 오는 것일까요?

　핀란드 학생들의 성적은 다른 학생의 성적과 비교하여 평가하는 '상대평가'가 아닌 어떤 절대적인 기준에 비추어서 달성도를 평가하는 '절대평가'로 매겨집니다. 또한 성적이 낮은 학생들은 보충 수업처럼 별도의 학급에 배정되어 특별 수업을 받게 해 성취도를 높여줍니다. 소수의 상위권 학생들을 위해 나머지 학생들은 들러리로 전락시키는 우리 공교육의 모습과는 큰 차이가 있지요.

　수업 중 질문과 토론하는 시간이 많다는 점도 핀란드 교육의 특징입니다. 앞서 토론하는 수업 방식이 미래 시대에 필요한 협업 능력을 키워준다고 강조한 바 있는데요. 핀란드에서는 시험을 볼 때 종이에 답을 적는 등 획일화된 방식이 아닌 자신의 생각을 자유롭게 말하는 형식으로 치러집니다.

핀란드 교육을 이야기할 때 빼놓을 수 없는 것은 바로 독서인데요. 핀란드의 국민은 책을 많이 읽기로 유명하지요. 공공도서관의 체계만 보아도 그 수준을 짐작할 수 있습니다. 인구 대비로 따진다면 핀란드는 3,200명에 공공도서관 하나를 이용하여 세계 1위 수준인데요. 12만 명 당 한 곳을 이용하는 우리나라와 비교하면 엄청난 차이가 있지요. 또 한 가지, 핀란드는 도서관에 직접 갈 수 없는 아이들을 위해 '북모빌'이라는 이동도서관 버스를 운영하고 있습니다. 이른바 찾아가는 도서관인데요. 마치 의료 혜택을 받지 못하는 오지의 아이들을 직접 찾아가 진료를 해주는 서비스가 떠오르지요. 책에서 소외되는 아이가 없도록 배려하는 핀란드 정부의 정책이 돋보이는 대목입니다.

독서 교육을 강조하는 것은 비단 핀란드뿐 만이 아닙니다. 독일과 영국에서는 아이가 어렸을 때부터 책을 가까이할 수 있도록 유아들에게 무료로 책을 나누어 주는 '북스타트 운동'을 하고 있습니다. 특히 영국은 이 운동을 국가적인 수준으로 진행하는데요. 매년 '전국 북스타트의 날National Bookstart Day'을 지정해 약 8~9개월의 아기들을 대상으로 책이 든 가방을 선물하기도 합니다. 아이들이 자라면서 자연스럽게 책과 가까워지게 하려고 만든 프로그램이지요. 영국 버밍햄 대학 연구팀 발표에 따르면 이 운동에 참여한 아이들과 그렇지 않은 아이들은 책에 대한 관심과 반응 등에서 큰 차이를 보였다고 합니다.

유치원과 학교를 마치기 바쁘게 학원 차량에 오르는 우리 아이들에게 책과 더 친해지는 시간을 준다면 어떨까요? 남들보다 많이 뒤처지지 않을까, 불안한 생각이 들 때면 환상 문학의 거장 레이 브래드버리의 이 말을 떠올려 보세요. "매일 글을 써라. 강렬하게 독서를 해라. 그러고 나서 무슨 일이 일어나는지 한번 보자."

4차 산업혁명과 국어력

최근 4차 산업혁명과 인공지능 등 과학과 미래 대한 관심이 부쩍 높아졌지요. 지난해 인간이 알파고와의 바둑 대결에서 패하면서 미래에 대한 기대와 함께 두려움도 커졌는데요. 관심에 부응하듯 몇 년 새 관련 책들도 무척 많이 등장했습니다.

얼마 전 〈TV, 도서관에 가다〉에서도 '인간과 로봇이 공존하는 미래 시대, 우리가 준비해야 할 것은 무엇인가'를 주제로 이야기를 나누는 시간을 가졌습니다. 우리 아이들이 살아갈 미래에는 로봇과 인공지능의 발달로 일자리의 판도가 바뀔 것이라는 말이 있지요. 실제로 '로봇'이라는 단어는 '허드렛일', '노예 상태'를 뜻하는 체코어 '로보타Robota'에서 따온 말로 인간의 노동을 대체한다는 뜻을 담고 있습니다.

로봇이 인간의 일자리를 위협할지 모른다는 우려는 이미 곳곳에서 제기되고 있습니다. 2013년 옥스퍼드 연구팀은 '자동화와 기술의 발전으로 20

년 이내 현재 직업의 47%가 사라질 가능성이 크다'라는 보고서를 발표하기도 했는데요. 의사, 변호사 등 소위 전문직조차 상당 부분 인공지능이 그 역할을 대신할 가능성이 높다고 해서 충격을 주고 있지요. 미래 시대, 우리 아이들이 인공지능과의 경쟁에서 살아남으려면 어떤 준비를 해야 할까요?

《로봇 시대, 인간의 일》 저자 구본권 소장은 그럼에도 불구하고, 인공지능과 기계가 따라올 수 없는 인간만의 능력이 존재한다면서 대표적인 예로 '호기심'과 '감정'을 꼽습니다. 사람의 질문은 호기심에서 시작하지만 기계의 질문은 알고리즘을 따르고 있기 때문입니다. 튜링 테스트(사람처럼 생각하는 인공지능을 판별하는 실험)를 최초로 통과한 인공지능 프로그램 '유진 구스트만'은 출시 당시 인간처럼 생각하는 인공지능의 등장으로 큰 화제가 되었는데요. 그 또한 인간이 사전에 입력한 질문에 대해서만 반응할 수 있다는 한계를 지니고 있지요.

결국 미래에 로봇과의 경쟁에서 살아남기 위해서는 인간 고유의 능력인 호기심을 키워주는 일에 중점을 두어야 합니다. 아인슈타인이 자신의 천재성의 비결을 묻는 말에 "나는 특별한 재능이 없는 평범한 사람이지만, 단지 호기심이 많을 뿐이다"라고 답했을 만큼 호기심의 힘은 위대합니다. '지구는 왜 둥글까?', '사람은 하늘을 날 수 없을까?' 등 인류의 삶을 바꾼 위대한 질문들은 모두 호기심에서부터 출발했지요. 만유인력의 법칙을 발견한 뉴턴은 평소 궁금증을 해결하기 위해 수없이 많은 책을 탐독하고 지식을 쌓은 것으로 유명한데요. 그는 책을 읽을 때 단순히 사실을 받아들이는 것에 그치지 않고 '왜'라는 질문을 끊임없이 던지는 '비판적 독서'로 호기심을 키웠다고 합니다.

이렇듯 호기심은 일상 속에서 우연히 발생하기도 하지만 새로운 지식을 쌓는 과정에서 등장하기도 합니다. 호기심과 질문, 사유는 서로 밀접하게 연결되며 순환하기 때문입니다.

미래에 중요하게 손꼽히는 것 중 또 하나는 서로 다른 전문성이 만나 새로운 가치를 만들어내는 '융합'과 '협업'입니다. 최근 우리나라뿐 아니라 전 세계적으로 코딩 교육(컴퓨터 프로그래밍 언어교육)이 인기를 끄는 것도 미래 시대, 인공지능과의 협업을 대비한 것으로 볼 수 있지요. 협업을 위한 교육의 일환으로 주목받고 있는 것 중 또 하나는 '플립러닝Flipped Learning'인데요. '플립러닝'이란 학생들이 온라인을 통해 사전에 학습한 뒤 오프라인에서 교사, 학생들과 토론하는 수업 방식을 말합니다. 기존의 방식과 반대라는 뜻으로 '거꾸로 수업'이라고 부르기도 하지요. 다시 말해, 플립러닝은 단순히 지식을 배우는 것을 넘어 종합적 사고력과 창의적 역량을 높이는 교육에 초점을 둔 것입니다. 현재 우리나라에서는 서울대와 카이스트 등 일부 대학에서 이 방식을 도입하고 있는데요. 점차 초 · 중등 교육 과정으로 확산할 것으로 보입니다.

진화론을 주장한 찰스 다윈은 "강하고 똑똑한 종이 살아남는 것이 아니라 환경에 잘 적응하는 종이 살아남는다"라고 했습니다. 미래 시대, 로봇과의 경쟁이 두렵게 느껴진다면 인간만이 가질 수 있는 고유한 능력을 키우는 것으로 미래를 대비하면 어떨까요? 호기심, 감수성과 협업 능력 등을 키우는 독서 교육이 그 해답이 되리라 생각합니다.

오늘날의 나를 있게 한 것은
우리 동네 도서관이었다.
하버드대 졸업장보다 소중한 것이
책을 읽는 습관이다.

빌 게이츠 Bill Gates

✉

독서 논술학원의 수업은 보통 일주일에 한 차례정도 이루어집니다. 일주일에 약 한 권의 책을 읽게 되는 것인데, 독서 효과를 기대하기에는 몹시 적은 양입니다. 더 큰 문제는 독서가 '숙제'가 되어버릴 수 있다는 것인데요. 만일 학원에서 정해준 책이 아이의 흥미를 끌지 못한다면 그냥 숙제도 아닌, '지겨운 숙제'가 되어 버리는 셈입니다. 이는 독서에 재미를 붙이는 데 전혀 도움이 되지 않지요.

독서는 모든 공부의 기초이므로 반드시 아이 주도적으로 이루어져야 합니다. 학원 선생님이 골라준 책을 읽고 주어진 문제에 답을 하는 방식을 반복하게 되면 아이 주도적인 읽기, 쓰기, 말하기는 점점 더 어려워질 수밖에 없겠지요.

이 때문에 독서 교육만큼은 사교육보다는 엄마표를 추천합니다. 우리 아이의 기질과 흥미를 잘 알고 있는 데는 엄마만 한 전문가가 없지요. 독서 교육은 가급적 빨리, 아이가 어릴 때부터 시작하는 것이 효과적입니다. 특히 책 읽기는 교육의 효과뿐 아니라 엄마와 아이의 연대를 끈끈하게 하는 힘이 있습니다.

CHAPTER 02

논술학원,
굳이 다니지
않아도
되는
까닭은?

엄	마	표		읽	기		교	육	,					

지	금		시	작	하	라								

대치동 논술학원에서는 무엇을 배울까?

새 학기가 되면 엄마들은 자녀들의 학습 스케줄을 짜는 일로 골머리를 앓습니다. 엄마가 둘 이상 모인 자리에서는 아이들을 어느 학원에 보내는지, 어떤 사교육을 하는지 정보 나누기 바쁘지요.

　우리나라의 초등 교과과정에서 영어 과목은 3학년부터 시작됩니다. 그러나 요즘 아이들은 초등학교에 입학하기 전 이미 알파벳 정도는 익히는 경우가 많지요. 영어 유치원이나 학습지, 문화센터 등 사교육을 통해 미리 배우기 때문입니다.

요즘 아이들은 영어를 배울 때 알파벳이 아닌 '파닉스'부터 익히는데요. '파닉스'란 스펠링의 이름이 아니라 발음을 익히는 교습법입니다. 예를 들면 [a, b, c]를 [에이, 비, 씨]가 아닌 [아, 베, 크]로 읽습니다. 이제는 영어도 글(문법)보다는 말(언어)로 접근하는 방식을 선호하기 때문에 생긴 학습법입니다. 이렇다 보니 영어를 모국어로 사용하는 원어민 강사가 상주하는 학원이 인기를 끄는 추세지요.

　　그러나 우리말인 국어는 이야기가 좀 다릅니다. 약간의 열정과 수고만 있다면 부모도 자녀들을 직접 가르칠 수 있습니다. 요즘 일부 교육열이 높은 엄마들은 자녀에게 직접 영어를 가르치기 위해 학원에 다니며 공부하는 분들도 계신데요. 국어 교육은 그리 큰 힘을 들이지 않고도 얼마든지 가능합니다. 초등학생을 위한 국어 교육의 핵심은 단연 '읽기, 쓰기, 말하기' 입니다. 이 세 가지가 잘되어 있으면 중·고등학교 학습은 물론 대입과 취업, 사회생활에도 큰 도움이 됩니다.

　　'읽기 – 쓰기 – 말하기'를 조금 다르게 표현하자면 '독서 – 논술 – 토론'이라고 할 수 있습니다. 우리나라 사교육 1번지 대치동 학원가에는 '독서 논술학원'이라는 간판을 쉽게 찾아볼 수 있습니다. 실제로 교육열이 높기로 유명한 강남 8학군의 초등학생들은 대부분 한 번 이상은 논술학원에 다녔을 정도인데요. 특히 일부 수강생들에게 인기가 높은 곳은 '대기'를 걸어둘 정도라고 합니다. 과연 대치동 유명 논술학원에서는 어떤 방법으로 아이들을 가르치고 있을까요?

　　논술학원의 수업은 보통 한 주에 한 번씩 월 4회 이루어집니다. 자체

교재와 함께 수업 당 책 한 권이 필요한데요. 수업료는 주 1회 20만 원 안팎으로 책값은 별도입니다. 일부 학원의 경우 반 편성을 위한 레벨테스트를 보기도 하는데요. 보통 한 반에 6~8명의 아이가 배정됩니다. 매 수업 전 정해준 책 1권을 미리 읽어오도록 하며 수업은 자체 교재를 통해 이루어집니다. 교재는 시중에 판매하는 '초등 논술 교재'들과 비슷한 구성과 수준입니다.

혹시 있을 오해를 대비해 밝혀둡니다. 아이를 학원에 보내는 부모들을 비난하거나 학원들의 수업 운영 방식에 딴죽을 걸고자 하는 생각은 전혀 없습니다. 다만, 아이를 학원에 보내기 전에 기대 효과를 더욱 꼼꼼히 따져보면 좋겠다는 생각에서 드리는 말씀입니다. 특히 국어처럼, 단기간에 성과를 보기 어려운 과목 같은 경우에는 더욱 신중할 필요가 있기 때문이지요.

그렇다면 독서 논술학원의 가성비를 따져볼까요?

기대효과 1. 읽기

학원 수업은 대부분 일주일에 한 차례 이루어집니다(학습지 포함). 일주일에 약 한 권의 책을 읽는 것인데, 독서 효과를 기대하기에는 몹시 적은 양입니다. 더 큰 문제는 읽기가 '숙제'가 되어버릴 수 있다는 것인데요. 만일 학원에서 정해준 책이 아이의 흥미를 끌지 못한다면 그냥 숙제도 아닌, '지겨운 숙제'가 되어 버리는 셈입니다. 이는 독서에 재미를 붙이는 데 전혀 도움이 되지 않지요. '학원=공부'라고 생각하는 초등학생들에게 '독서=공부'라는 공식을 만들어줄 수도 있습니다. 남이 시켜서 하는 독서가 되어버리면 스스로 책을 읽는 습관을 들이는 건 기대할 수 없습니다.

기대효과 2. 말하기

말하기 교육의 시작은 가정에서 사회 이슈에 대한 견해를 주고받는 것으로도 충분합니다. "왕따에 대해 어떻게 생각하니?", "노키즈존에 대한 너의 생각은 어때?" 등 가벼운 주제부터 시작합니다. 소재는 무궁무진합니다. 이번 여름 휴가는 어디로 가면 좋을지, 어제 본 영화는 어떤 점이 좋고 나빴는지 등 생활 속 주제를 고르는 것도 무방합니다. 독서 논술학원에서도 한 가지 주제를 정하고 이에 대한 생각을 정리해 발표하는 것으로 수업을 진행하는데요. 이는 집에서도 충분히 할 수 있습니다. 말하기 역시 읽기, 쓰기와 마찬가지로 '매일매일, 꾸준히'가 가장 좋은 방법입니다. 일주일에 한 번 가는 학원, 그 이상의 효과를 보시리라 장담합니다.

기대효과 3. 쓰기

논술학원에서 쓰기 수업은 주어진 글을 읽고 질문에 답하는 형식으로 이루어집니다. 초등학생은 주제에 대한 긴 글을 쓰기가 어렵기 때문에 내용을 쪼개어 질문하고 그에 대한 답을 달면서 훈련하는 것이지요. 그러므로 글을 첨삭하거나 바로잡는 것이 그다지 어렵지 않습니다. 대학 입시 논술의 경우, 주제 자체가 쉽지 않으므로 자녀를 지도하기 어려운 것과는 차이가 있지요. 더구나 주 1회의 쓰기 수업보다는 매일 조금씩 가정에서 지도하는 편이 훨씬 효과적임은 두말할 필요가 없습니다. 쓰기 연습은 반드시 책을 통해서 할 필요는 없습니다. 편지 쓰기, 동시 짓기 등 생활 속 글쓰기를 통해 실력을 키울 수 있습니다.

보내도, 안 보내도 고민인 '학원'

통계청에서는 매년 우리나라 각 가정에서 사교육비로 얼마를 쓰고 있는지를 조사해 발표합니다. 2016년 기준 초등학교 사교육비 총액 규모는 7조 5천억 원으로, 사교육에 참여하는 1인당 월평균 사교육비는 28.6만 원입니다. 과목별 참여율을 보면 국어 24.5%, 영어 42.9%, 수학 41.6%, 사회 과학 11.3%, 예체능 60.1%로 나타났습니다. 우리나라의 사교육을 받는 초등학생 중 24.5%가 국어 관련 학원, 또는 학습지에 돈을 쓰고 있다는 뜻이지요.

학원에 다니는 것이 나쁘다는 말을 하려는 게 아닙니다. 저도 아이들의 사교육비로 꽤 큰 비용을 지출합니다. 특히 예체능의 경우, 직접 가르치고 싶어도 불가능하지요. 바이올린, 피아노, 태권도, 발레는 부모가 직접 가르칠 수 있는 영역이 아닙니다. 초등 영어, 수학도 지도하기 몹시 어려운 수준은 아니지만 역시 쉽지 않지요. 까닥하다간 아이와 관계만 틀어지기 십상입니다. 하지만 함께 읽고 쓰고 말하는 건 좀 다릅니다. 가끔 독서 교육에 대해 어렵게 느끼고 엄두조차 내지 못하는 분들이 계십니다. 하지만 일단 시작해 보면 공부를 가르치는 것과는 전혀 다르다는 걸 금세 느낄 수 있지요.

‘읽기, 쓰기, 말하기’를 돈 주고 배워야 할 이유는 없습니다. 굳이 이게 아니더라도 비용을 써야 할 과목은 많습니다. 현재 중앙일보 기자이자 교육방송에서 〈자기소개 글쓰기 특강〉을 강의한 이현택 작가는 그의 책 《사교육의 함정》에서 ‘초등 논술교육은 속 빈 강정’이라는 말로 논술 사교육의 부실함을 비판한 바 있지요.

사교육을 통해 ‘읽기, 쓰기, 말하기’의 효과를 기대하기 어려운 이유는 첫째, 수업 빈도수에 있습니다. 일주일에 한 번, 한두 시간만으로는 효과를 기대하기 어렵기 때문이지요. 둘째, ‘읽기, 쓰기, 말하기’는 공부의 기초이므로 반드시 아이 주도적으로 이루어져야 합니다. 학원 선생님이 골라준 책을 읽고 주어진 문제에 답을 하는 방식을 반복하게 되면 아이 주도적인 학습은 점점 더 어려워질 수밖에 없습니다.

“물고기 한 마리를 준다면 하루밖에 살지 못하지만 물고기 잡는 방법을 가르쳐 준다면 한평생을 살아갈 수 있다.” 탈무드 속 유명한 말입니다. 아이 스스로 읽고 쓰고 말하는 습관을 기르기 위해서는 사교육보다 가정에서의 꾸준한 훈련이 훨씬 더 효과적입니다.

엄마표 vs 사교육

요즘 서점이나 도서관 등의 자녀교육서 분야에는 ‘엄마표 교육’에 대한 책들을 쉽게 찾아볼 수 있습니다. 영어, 수학, 논술에 이르기까지 그 종류도 다양하고요. 아이를 직접 공부시켜 좋은 결과를 얻은 엄마들의 경험담과 노하우를 소개한 책들도 독자들의 많은 사랑을 받고 있지요.

'우성 맘' 이성원 작가의 《기적의 영어 육아》는 대표적인 엄마표 교육에 대한 책입니다. 이성원 작가는 제가 진행하는 맘스라디오 〈우아한 부킹〉을 통해 만난 소중한 인연인데요. 생후 30개월 무렵 한 방송 프로그램에 영어 신동으로 출연해 화제가 된 바 있는 우성이는 올해 열 살입니다. 우성이는 물론이고, 여섯 살 동생까지 원어민 수준의 영어 실력을 자랑하는데요. 이성원 작가는 우성이와 동생, 두 아이 모두 사교육 한번 없이 오직 엄마표 교육을 통해 영어를 가르치는 것으로 유명하지요. 그녀와 남편 모두 외국에서 살아본 적 없는 '토종 한국인'임에도 불구하고 아이들이 수준 높은 영어 실력을 갖출 수 있는 비결은 무엇일까요? 이성원 작가는 그 비법으로 단연 책 읽기를 꼽습니다. 그녀는 아이가 태어나서 지금까지 단 하루도 빼먹지 않고 매일매일 아이와 함께 책을 읽었다며 누구나 꾸준함과 아이에 대한 관심만 있으면 아이를 '영어 신동'으로 만들 수 있다고 자신합니다.

반면 '엄마표 교육'에 비판적인 전문가들도 있습니다. 엄마가 직접 아이를 가르치기보다는 공부의 방향을 제시하고 이끌어 가는 선장 역할을 해야 한다는 주장입니다. 엄마가 아이를 도와 학습 전략을 짜되 교육은 전문가에게 맡기는 것이 효과적이라는 말이지요.

엄마표 교육과 사교육 모두 각각의 장단점이 있습니다. 다만 독서 교육만큼은 사교육보다는 엄마표를 추천합니다. 그것도 가급적 빨리, 아이가 어릴 때부터 시작하는 것이 효과적입니다. 단, 학습이라는 생각을 버리고 즐기며 할 수 있어야 합니다. 또한 짧은 시간 안에 효과를 보리라는 기대는 애초부터 버리는 게 좋습니다. 특히 책 읽기는 교육의 효과뿐 아니라 엄마와 아이의 연대를 끈끈하게 하는 힘이 있습니다. 아이가 어릴 때부터 부모가 책을 읽어주는 것은 인지뿐 아니라 언어, 사회, 정서적 발달에 긍정적 영향을 준다는 연구 결과도 있지요.

독서 교육은 '꾸준함'과 '실천'이 가장 중요합니다. 잠깐, 한두 번 시도하다가 별 효과가 없다고 곧바로 포기하지 마세요. 장담하건대, 일주일에 한 번 학습지를 풀거나 학원 수업을 듣는 것보다 엄마와의 하루 10분 책 읽기가 훨씬 더 효과적이라는 사실, 꼭 기억하시기 바랍니다.

| 엄 | 마 | 는 | | 내 | | 아 | 이 | 의 | | | | | | | |

| 맞 | 춤 | 형 | | 교 | 사 | 다 | | | | | | | | | |

자녀의 성향 파악하기

학부모를 위한 독서 강연에서 만난 많은 엄마들은 제게 이런 고민을 털어놓습니다.

　"책 읽기가 좋은 건 알겠는데 어떤 책을 읽혀야 하는지 잘 모르겠어요."

　"우리 아이는 도무지 책을 읽으려고 하지 않아서 고민이에요."

　이럴 때 곧바로 속시원한 해결책을 드릴 수 있다면 얼마나 좋을까요. 그러나 솔직히 말씀드리면, 아이가 책을 좋아하게 만드는 즉효 약 같은 건 없습니다. 조금 더 나은 방법이 있을 뿐이지요. 다만 이 말씀만은 분명히 드립니다. 일주일에 한두 번 학원에 가서 배우는 것보다는 엄마가 매일 조금씩 돕는 것이 훨씬 더 효과적이라고요. 물론 약간의 요령과 꾸준한 노력은 필요합니다. 그러나 우리 엄마들이라면 충분히 할 수 있습니다. 아이의 성향을 가장 잘 아는 것도, 우리 아이에 대한 관심과 애정도 엄마를 따라올 선생님은 아무도 없기 때문입니다.

저는 한때 아이들을 '그저 귀엽고 때로는 시끄러운, 다 비슷한 존재'라고 생각한 적이 있습니다. 하지만 두 아이의 엄마가 되고 보니 세상에 같은 아이는 단 하나도 없다는 걸 느낍니다. 제 두 딸만 보아도 그 차이가 분명한데요. 겉으로는 자매가 서로 비슷해 보이지만, 키울수록 '한 배에서 나온 애들이 맞나?' 싶을 정도로 제각각이라 놀라곤 하거든요.

이처럼 모든 아이는 각기 다른 성향이 있습니다. 어떤 아이는 밖에서 뛰어놀 때 가장 신이 납니다. 반면 실내에서 노는 것을 더 좋아하는 아이도 있고요. 여럿의 친구와 어울리는 것을 좋아하는 아이가 있는 반면, 혼자서 혹은 둘이서만 놀고 싶어 하는 아이도 있습니다. 이토록 저마다 다른 아이의 성향을 가장 잘 아는 사람은 누구일까요? 두말할 것 없이 엄마겠지요.

큰딸 솔이는 명랑한 아이입니다. 단짝 친구 만드는 걸 중요하게 생각해서 학년이 바뀔 때마다 친구를 찾는 데 많은 신경을 쏟지요. 똑 부러지게 말도 잘하고 또래보다 체격도 큰 편이라 다들 어른스럽다고 치켜세우지만 실상을 알고 보면 딱 그 또래 수준의 평범한 아이라는 건 엄마이기에 아는 사실입니다. 저만 알고 있는 딸의 큰 특징 중 하나는 아이가 유독 다른 사람의 시선을 의식한다는 건데요. 언젠가 한번은 공개적인 자리에서 "우리 솔이는 책 읽기보다 만화 영화 보는 걸 더 좋아한다"라고 흉 비슷한 것을 보았다가 아이가 크게 낙심한 나머지 이를 수습하느라 곤란을 겪은 일이 있었지요. 제 딴에는 남들 앞에서 자식을 칭찬하는 게 어쩐지 간지러워 겸손을 떤다고 한 말인데, 아이는 그게 못내 서운했던 모양입니다. 그 뒤로는 남들 앞에서 아이의 단점을 말하는 것을 조심합니다. 이렇게 남을 의식하는 아이의 성향을 역으로 이용해 효과를 보기도 하는데요. 이를테면 다른 사람들 앞에서 아이의 장점을 보란 듯이 자랑해 더 좋은 효과를 끌어내는 것이지요.

"솔이는 참 부지런해요. 매일 일찍 자고 일찍 일어나거든요. 아침에 일어나면 스스로 신문을 가져다 읽는데, 하루도 빼먹는 법이 없답니다"라고 말하면 아이는 몹시 우쭐해져서 아침마다 신문을 보는 일에 더 부지런히 움직이지요.

'자기주도학습'이라는 용어를 처음으로 만든 송인섭 교수. 그는 저서 《그만하자 공부 잔소리》에서 아이의 문제 성향을 바로 잡기 위해서는 부모의 노력이 가장 중요하다고 주장합니다. 만일 주의가 산만해 집중하는 시간이 짧은 아이의 경우, 부모는 아이 주변의 환경을 깔끔하게 정리해 집중력을 잃을 만한 요소를 제거해야 한다고 말합니다. 또한 스톱워치 등을 이용해 공부 시간을 미리 정하고 제한해야 하지요. 반면 열심히 하는데 성적이 오르지 않는 아이들은 엄마와 함께 하루 일과표를 만드는 것을 추천합니다. 일과표는 주간에서 일일, 시간의 순서로 큰 것에서 작은 것 순으로 계획을 세운 뒤 아이와 함께 달성 여부를 평가합니다. 발표를 두려워하는 소극적인 성향의 아이들은 스피치 학원에 보내기에 앞서 엄마와 충분히 이야기를 나눕니다. '실패에도 배울 점이 있다'라는 것을 설명하고 이해시키는 것이지요. 실패로 인해 알게 된 교훈을 아이가 스스로 깨우침으로써 다시 도전하게 하는 힘을 주는 것이 기술을 익히는 것보다 더 필요한 가르침이기 때문입니다.

읽기 습관, 엄마가 주도하라

부모는 아이가 만나는 첫 번째 선생님입니다. 부모가 가르쳐야 할 것은 공부만이 아니지요. 어른을 보면 인사를 잘하는 것, 약한 친구를 괴롭히지 않는 것, 아침에 일어나면 잠자리를 정돈하는 것 등 인성에서부터 생활 습관까지 폭넓고 다양합니다. 나쁜 습관을 없애도록 돕는 것도, 좋은 습관을 들이도록 지도하는 것도 모두 부모의 역할입니다.

솔이와 진이의 장점 중 하나는 매일 일찍 잠자리에 든다는 것입니다. 둘은 매일 밤 9시면 잠자리에 들 준비를 마치고 침대에 나란히 누워 수면 스탠드를 켭니다. 그리고 "엄마, 아빠!"라고 외쳐 불러 모시지요. 저희 부부 중 하나는 출동해야 할 시간입니다. 남편 혹은 제가 아이들의 침대 곁에 누워 책을 몇 권 읽어주며 수다를 나누는 사이 아이들은 차례로 잠이 듭니다.

기상 시간도 이릅니다. 두 아이 모두 아침 여섯시면 눈을 뜨는데, 큰아이는 일어나자마자 현관문을 열고 신문부터 챙깁니다. 어른 신문은 한편에 두고 제 것을 챙겨 거실 창가 옆 큰 식탁에 앉아 잠이 덜 깬 눈으로 신문을 읽습니다. 저희 집은 식구들이 함께 책을 읽고 공부하기 위해 6인용 식탁을 거실로 옮겨두었거든요. 덕분에 식사는 주방 옆 좁은 조리대에 네 식구가 다닥다닥 붙어서 밥을 먹고, 정작 식탁은 읽고 쓰는 용도로 사용합니다.

매일 이른 시간부터 설치는 덕분에 등교 준비를 마치고도 약간의 여유가 있습니다. 덕분에 솔이는 이 시간에 오늘 해야 할 양의 공부를 합니다. 공부라고 해봤자 문제집 한두 장에 신문 읽기 정도이지만 자잘한 모래가 쌓여 언젠가는 태산을 이루리라 굳게 믿고 있습니다.

물론 처음부터 아침 공부 습관이 있던 건 아니었습니다. 불과 일 년 전만 해도 아이는 매일 아침 눈을 뜨면 텔레비전부터 켜기 일쑤였습니다. 저는 아침의 금쪽같은 시간을 아이가 만화영화나 보며 흘려보내는 것이 못내 안타까웠지요. 아침 시간을 보다 효율적으로 보내기 위해 매일 꾸준히 할 수 있는 게 뭐가 있을까 고민한 끝에 '어린이 신문'을 생각해 낸 것입니다.

어린이 신문을 신청하면서 제가 읽을 신문도 주문했습니다. 요즘은 인터넷을 통해 수시로 뉴스를 접하는 탓에 좀처럼 종이 신문을 볼 일이 없었지요. 하지만 아이의 신문 읽는 습관을 위해서 저도 함께하기로 한 것입니다. 아이 덕분에 저도 오랜만에 조간신문을 읽는데요. 인터넷이나 스마트폰을 통해 읽는 것과는 또 다른 맛이 있더군요.

매일 아침 간단한 과일이나 집어먹기 좋은 견과류를 준비해 아이와 식탁에 마주 앉아 신문을 읽는 것은 아침의 당연한 풍경이 되었습니다. 서로가 읽는 신문에 어떤 내용이 실렸는지 공유하기도 하고요. 어린이 신문 역시 어른 것과 마찬가지로 가장 이슈가 되는 주제를 토대로 기사가 구성됩니다. 일간지와 어린이 신문에 실린 기사를 서로 비교하면 자연히 대화의 소재도 풍부해집니다.

자기주도학습을 위해 부모의 도움이 필수적인 것처럼 아이의 '읽기, 쓰기, 말하기' 교육 역시 부모의 지도가 필요합니다. 공부는 스스로 하는 것이라지만, 처음부터 자발적인 아이들이 과연 얼마나 될까요?

학부모들에게 인기 있는 교육 컨설턴트이자 멘토인 샤론코치(이미애 대표)는 부모들에게 "아이를 맨땅에 헤딩시키지 말고 공부 전략을 혁신하라"라고 당부합니다. 처음부터 스스로 공부하는 아이를 기대하기보단 아이에게 효율적인 공부 방법을 가르치라는 뜻이지요.

'아이를 믿는 것'과 '아이에게 아무것도 알려주지 않는 것'은 전혀 다릅니다. 아직 읽고 쓰고 말하는 것에 익숙지 않은 아이들에게 효과적인 방법을 알려주는 것은 너무나 당연한 일입니다. 거짓말을 하면 안 된다거나 어려운 친구를 보면 도와줘야 한다고 가르치는 것과 마찬가지로요. 공부의 싹을 틔우고 소위 괜찮은 사람으로 성장하기 위해서는 조력자로서 부모의 역할이 꼭 필요합니다.

내 아이의 말하기지수^{TQ} 높이기

한동안 엄마들 사이에서 자녀의 지능지수IQ 검사가 유행처럼 번지던 때가 있었습니다. 당시 고가의 검사 비용에도 불구하고 아이의 적성과 재능을 계발해주기 위해 많은 부모가 지갑을 열었습니다. 그러나 지능 지수만으로 아이의 적성을 파악하기에는 한계가 있고 오히려 아이의 가능성을 제한한다는 비판이 불거지면서 인기가 점차 시들해졌지요. 그 뒤로 감성지수EQ가 주목을 끌더니 요즘은 영성지수SQ가 대세인 듯합니다. 영성지수는 보이지 않는 가치를 발견하는 재능으로, '창조적 능력'을 일컫는 용어입니다.

이렇듯 다양한 지능 관련 이론들이 공존하는 가운데, 미래 사회에서 결코 빠질 수 없는 중요한 지수 하나를 더하고자 하는데요. 바로 '말하기지수TQ'입니다. 말하기지수란 자신의 생각을 논리적으로 표현함과 동시에 상대를 배려하는 태도와 역량을 포함하는데요. 단지 말하기 지수를 키우는 것만으로도 지능과 감성은 물론 사회성까지 높일 수 있습니다.

말하기와 지능발달의 상관관계는 이미 과학적으로 증명된 바 있습니다. 소아청소년과 전문의 김영훈 가톨릭대 교수에 따르면 말을 빨리 배울수록 논리력과 수학적 능력이 높아진다고 합니다. 의사소통이 원활하면 자연히 정서적·사회적·인지적 발달이 빨라지므로 언어발달은 곧 지능발달에 영향을 미친다는 것이지요.

언어발달은 보통 만 3세 이전이 가장 중요한데요. 언어를 관장하는 대뇌가 돌이 지나면 활성화되기 때문에 이 시기, 언어능력도 폭발적으로 늘어납니다. 따라서 평균보다 말이 늦어지는 아이의 경우, 주 양육자의 말수가 없는 것을 원인으로 꼽기도 하는데요. 아이의 발달이 늦는 것을 엄마 탓으로만 돌리는 것 같아 듣기에 편치 않지만 그만큼 아이 교육에 엄마의 역할이 크게 작용한다는 의미가 아닌가 합니다.

그러므로 아이의 말하기지수를 높이기 위해서는 다른 누구보다 부모,

특히 아이와 가장 많은 시간을 보내는 엄마의 도움이 꼭 필요합니다. 마치 먹고 자는 것처럼 말하기는 우리 일상에서 가장 자연스럽게 이루어지는 행위이기 때문입니다. 그렇다면 가정에서 우리 아이의 말하기지수를 높일 수 있는 방법은 무엇일까요?

첫째, 너무나 당연한 이야기지만 가족 간에 대화 시간이 많아야 합니다. 일상적인 대화를 나누는 것도 좋지만 정례적인 말하기 장을 여는 것을 추천합니다. 바로 '가족회의' 제도를 만드는 것인데요. 실제로 저희 가족은 매월 마지막 주 금요일 저녁, 가족회의를 엽니다. 그날은 공식적으로 외식을 하는 날이기도 한데요. 식당에서 주문한 메뉴가 나오기 전, 네 식구가 둘러앉아 그달의 반성과 함께 다음 달 계획을 논의합니다. 서기는 주로 남편이 맡는데 미리 출력한 가족 회의록에 식구들의 발언 내용을 정리합니다. 의제는 다양합니다. 주말여행 장소, 식사 메뉴, 다음 달 학습 목표, 식구들에 대한 건의 사항 등 각자 자유로운 의견을 개진합니다. 회의 내용은 회의록에 정리한 뒤 다음 회의 전까지 잘 보이는 곳에 붙여두고 오가며 확인하도록 합니다.

둘째, 아이의 말 뒤에 숨겨진 목소리까지 귀를 기울여야 합니다. 아이를 키우다 보면 수많은 회의와 고민에 부딪히기 마련이지요. 아이 교육과 적성, 취미에서부터 교우 관계에 이르기까지 따지고 보면 별일이 아니더라도 정작 아이에게는 심각할 수 문제일 수 있으므로 아이와 관련된 작은 것 하나까지 허투루 지나칠 수 없습니다.

솔이가 초등학교 2학년 때 일입니다. 아이는 갑자기 잘 다니던 영어 학원에 가고 싶지 않다며 투정을 부렸습니다. 이유를 물었더니, 함께 학원에 다니는 남자 친구들에게 놀림을 받고 있다는 것이었지요. 저는 아이의 말을 듣고도 그저 대수롭지 않게 넘기고 말았는데요. 결국, 이 문제로 아이는 큰 스트레스를 받고 말았습니다. 다행히 늦게라도 상황을 파악하고 남자 친구 엄마들이 적극적으로 나서준 덕분에 일은 잘 해결되었지만 당시 아이의 말에 귀 기울여주지 않았던 일은 두고두고 아이에게 미안함으로 남아 있습니다.

부모는 아이의 말 뒤에 숨겨진 목소리까지 귀를 기울여야 합니다. 부모가 아이에게 기댈 수 있는 존재가 되기 위해서는 대화의 기회를 자주, 깊이 가져야 합니다. 요즘 크게 문제가 되는 왕따, 학교 폭력 등 문제를 예방하기 위해서는 가정에서의 관심이 가장 중요하다고 하지요. 아이가 부모에게 마음속 이야기를 표현할 기회를 주는 것이 필요합니다.

셋째, 한 달에 한 번 가족이 모두 같은 책이나 영화를 보고 생각을 나누는 시간을 가집니다. 물론 책과 영화의 수준은 당연히 아이에게 맞추어야겠지요. 〈오즈의 마법사〉, 〈사운드 오브 뮤직〉 등 세계적인 수준의 명화 중에는 아이와 함께 보아도 전혀 손색없는 작품들이 많습니다. 한 달에 한 번이 어렵다면 두 달에 한 번이라도 가족이 모두 같은 책이나 영화를 보고 이야기 나누는 시간을 가져보세요. 혹시 미리 독후감을 준비해 자리에 서서 낭독하는 모습을 떠올리시나요? 단지 주말 저녁 거실에 둘러앉아 과자 봉지를 펼쳐놓고 돌아가며 감상을 말하는 것이면 충분합니다. 〈오즈의 마법사〉 속 가장 인상적인 캐릭터는 누구인지, 〈사운드 오브 뮤직〉의 가족은 왜 스위스로 망명했어야 했는지, 전쟁은 왜 나쁜지, 진정한 자유란 무엇인지 등의 주제로 각자의 생각을 이야기하는 것이지요.

많은 사람 앞에서 자신의 생각을 논리 정연하게 펼치기란 쉽지 않습니다. 되도록 자주 이야기할 기회를 가져본 사람일수록 잘 말할 수 있는 것은 당연하겠지요. 논술, 스피치 학원에 보내지 않아도 가정에서 자연스러운 말하기 연습을 통해 말하기지수를 쑥쑥 높일 수 있습니다.

워킹맘의 독서 교육법

얼마 전 통계청의 발표에 따르면 육아와 가사를 전담하는 아빠들의 수가 4년 연속 큰 폭으로 늘고 있다고 합니다. 더불어 결혼 후 경제 활동을 하는 여성의 비율도 높아지는 추세고요. 언론 보도나 인터넷을 보면 요즘 '아빠 육아'가 대세인 듯 보이지만 실제로 엄마 몫을 따라오기에는 아직 한참 모자란 수준이지요. 제 주변만 보아도 직장에 다니는 엄마들의 고충은 예전과 별반 다르지 않습니다. 그나마 가사는 남의 도움이라도 빌릴 수 있지만 아이 교육은 여전히 엄마의 수고와 책임이 따르고요.

이 때문에 직장에 다니는 엄마들은 아이가 어려도 고민, 자라도 고민입니다. 아이가 커 갈수록 점차 교육에 신경이 쓰이지만 도울 수 있는 시간이 많지 않기 때문이지요. 바삐 퇴근해 부지런히 저녁을 준비하고 뒷정리까지 마치고 나면, 어느새 늦은 시간이라 책 한 권 펴기가 쉽지 않습니다. 가뜩이나 아이들과 함께할 시간도 적은데, 그마저 잔소리로 채우다가 사이라도 멀어질까 걱정이라는 말씀도 하시고요.

이럴 때는 '시간'이라는 개념을 조금 달리 생각하면 어떨까요. 철학자 아우구스티누스는 시간에는 두 가지 개념이 있다고 말했는데요. '물리적 시간 (크로노스)'과 '마음의 시간(카이로스)'입니다. 물리적 시간은 시계로 측정이 가능한 시간이고요. 마음의 시간은 시계로 잴 수 없는, 인간의 기억 속에 있는 감정적 시간을 뜻합니다. 즉, 똑같은 10분도 누군가에는 무의미한 시간이, 다른 누군가에게는 알차고 의미 있는 시간이 될 수 있다는 얘기지요.

대다수의 육아 · 교육 전문가들은 "아이들과 함께 보내는 시간과 교육의 효과는 정비례하지 않는다"라고 말합니다. 실제 경험에 비추어 봐도 그렇습니다. 아이와 오랜 시간을 같이 있다고 더 좋은 엄마가 되는 것은 아니기 때문이지요. 짧은 시간이라도 가치 있게 보낸다면 아이의 정서에 더 좋은 영향을 줄 수 있습니다.

혹시 아이와 함께하는 시간이 적어 교육에 소홀한 엄마가 되는 건 아닐까 고민이라면 매일, 같은 시간 단 10분만이라도 아이에게 집중해 보세요. 아이를 품에 안고 함께 책을 읽어주는 것입니다.

'어떤 책을 고를 것인가'에 대한 원칙도 필요합니다. 직장에 다니는 엄마들의 경우 상대적으로 교육 정보에 발 빠르지 못하다는 자책감 때문에 주변의 이야기만 듣고 덥석 책을 사는 경우가 있지요. 저 역시 큰아이를 초등학교에 보낸 지 얼마 되지 않아 엄마들과의 모임에서 당황한 기억이 있는데요. 유명 학습지와 학원 등 최신 교육 정보와 트렌드를 꿰고 있는 엄마들 사이에서 혼자만 아는 것이 없어 대화에 낄 수 없었던 것이지요. '이러다 우리 아이만 낙오되면 어쩌나?', '엄마로서 직무유기가 아닌가?' 하는 고민과 자책 끝에 좋다는 책들을 한꺼번에 샀다가 결국 무용지물이 되고 말았습니다.

결국 워킹맘 독서 교육의 핵심은 '다른 이의 정보에 휘둘리지 말고 나만의 교육 원칙 가지기'입니다. 남들이 좋다는 책을 덜컥 사볼 게 아니라 직접 알아보고 고르는 수고가 필요합니다. 평일에 시간을 내기 어렵다면 주말 오전이나 쉬는 날을 이용하면 됩니다. 책을 고르는 건 생각보다 긴 시간이 필요하지 않습니다.

영어 학원에 보내는 대신 매일 한 권씩 영어책을 읽기로 했다면 일단 꾸준히 시도해 봅니다. 책 읽기의 효과가 나타나려면 적어도 1년의 시간은 필요합니다. 몇 개월 시도해 보고 아이가 잘 따라오지 않거나, 피곤하다고 지레 포기한다면 제대로 된 효과를 얻기 어려운 건 당연하겠지요.

아이와 함께하는 시간은 양보다 질이 중요합니다. '나 때문에'라는 생각 대신 '나 덕분에'라는 마음으로 아이를 대해 보세요. "내가 일하는 덕분에 아이가 조금 더 경제적 풍요를 누릴 수 있다", "내가 일하는 덕분에 아이는 스스로 생활하는 법을 기를 수 있다", "내가 일하는 덕분에 아이는 열심히 사는 엄마의 모습을 본받을 것이다"라고요. 아이와 함께하는 시간이 한결 더 편해지실 겁니다.

아빠와 독서데이

얼마 전 독서와 관련한 자료를 검색하던 중 흥미로운 기사 하나를 발견했습니다. 미국 하버드대 연구팀이 430가구를 대상으로 아빠가 책을 읽어주는 가정과 엄마가 책을 읽어주는 가정으로 나눠 책 읽어주기와 인지발달 간 상관관계를 조사했는데요. 아빠가 책을 읽어준 집단의 독서 효과가 더 높은 것으로 나타났다는 것이 기사의 주된 내용입니다. 이는 아빠가 책을 읽어줄 때 상대적으로 다양한 어휘와 경험을 활용하기 때문이라고요.

아빠 독서와 관련한 자료는 또 있습니다. 2004년 옥스퍼드대 연구팀이 만 7세 아동 3,300여 명을 대상으로 조사한 결과를 보면 아빠가 책을 읽어준 아이들이 반대의 경우보다 학교 읽기 성적이 더 높았고, 정서적인 문제를 겪을 확률 또한 낮은 것으로 나타났습니다.

요즘 대한민국에서 '아빠 육아'는 그다지 새로울 것 없는 당연한 얘기가 되었지요. 한 TV 예능 프로그램으로 시작된 이 '트렌드'는 여성의 사회활동 증가라는 시대적 흐름과 발맞춰 어느덧 너무나 자연스러운 현상으로 자리 잡았습니다. 이제는 놀이터나 공원 등지에서 아빠와 함께 자전거를 타거나 공놀이를 하는 아이들을 쉽게 만날 수 있습니다. 하지만 책을 읽어주는 건 어떤가요. 저희 부부는 매일 밤 아이들이 잠들기 전까지 두어 권의 책을 읽어주는데요. 저와 남편의 책 읽어주기 빈도수를 따져보니 얼추 반반쯤 되는 것 같습니다. 딸들은 아빠가 읽어주는 '백설 공주'를 들을 때마다 "세상에 경상도 사투리를 쓰는 공주가 어디 있느냐"라며 애교 섞인 투정을 부리기도 한답니다. 아이와 함께 시간을 보내고 싶은데, 어떻게 해야 할지 몰라 고민인 아빠들께 추천합니다. 일주일에 한두 번은 '아빠와의 독서데이'로 정해 보세요. 실제로 선진국에서는 '아빠 독서 운동'이 활발한데요. 독서 강국인 핀란드는 물론, 영국은 비영리단체 '아버지재단'을 중심으로 '아빠가 매일 읽어주기 운동(Fathers Reading Every Day)'을 펼치고 있습니다. 책 읽기는 몸으로 놀아 주는 활동에 비해 에너지 소모가 적다는 장점도 있지요. 혹시 만성 피로를 호소하며 육아에서 빠질 궁리를 하는 아빠들도 책 읽기는 아마 거절하기 쉽지 않은 제안일 겁니다. 글을 읽어주는 게 쉽지 않다면 아이와 미리 읽을 몫을 나누고 시작하는 방법도 있습니다. 아빠 한 장, 아이 한 장, 이렇게 번갈아 읽다 보면 가벼운 책 한두 권은 금세 읽을 수 있습니다. 책을 읽은 뒤에는 그와 관련한 이야기를 나누며 아빠와의 애정을 쌓을 수도 있고요.

'무섭고 엄한 아빠'는 더 이상 인기를 끌기 어렵습니다. 아이의 눈높이에 맞추어 함께 시간을 보내는 '아빠와의 독서데이' 꼭 한번 시작해 보세요.

우	리	집												
독	서		환	경	은		몇		점	일	까	?		

읽기 환경부터 점검하라

요즘 엄마들을 보면 참 대단하다는 생각이 절로 듭니다. 육아며 살림이며 자기 관리까지, 뭐하나 허투루 하는 법이 없으니까요. 매 순간 부지런히 움직이며 살뜰히 아이를 챙기는 주변 엄마들을 보면 새삼 존경스럽기까지 합니다.

특히 아이 교육에서는 엄마만 한 전문가가 없지요. 요즘은 책이나 인터넷, 강연 등 마음만 먹으면 얼마든지 다양한 교육 정보를 얻을 수 있으니 말입니다. 아이 교육을 위해 중요한 것 세 가지 중 첫째가 '엄마의 정보력'이라는 건 괜한 이야기가 아닌 듯합니다.

그러나 안타깝게도 모든 아이가 부모의 바람만큼 성과를 내는 건 아닙니다. 과연 자녀 교육에 성공한 부모들의 특징은 무엇일까요? 역시 '꾸준함'과 '실천'입니다.

우리는 누구나 '덜 먹고 많이 움직이는 것'이 다이어트 성공의 제1의 원칙이라는 사실을 알고 있습니다. 하지만 누구나 다이어트에 성공하는 것은 아니지요. '덜 먹고 많이 움직이기'를 꾸준히, 제대로 실천한 사람만이 날씬한 몸을 가질 수 있습니다. 아이 교육도 이와 같습니다. 아무리 많은 자녀교육서를 읽고 비법을 익힌들 정작 실천하지 않으면 아무 소용이 없습니다. "어차피 다 아는 얘기야"라고 무시한다면 성공은 남의 이야기일 뿐입니다.

집안일만으로도 숨가쁜 엄마의 일상이지만 따지고 보면 아이와 시간을 보내는 것보다 가치 있는 투자는 없습니다. 부모가 하나부터 열까지 아이의 일에 일일이 개입하고 참견하라는 뜻이 아닙니다. 아이 학습에 기초가 되는 읽기, 쓰기, 말하기 교육만이라도 엄마가 주도해서 꾸준히 실천해 볼 것을 제안하는 것입니다.

실천에 앞서 가장 먼저 할 일은 환경을 점검하는 것입니다. 다이어트를 시작할 때도 운동이나 식단의 계획부터 세우듯이 읽기 교육 시작 전, 환경 준비는 필수입니다.

1. 독서를 방해하는 요소 없애기

요즘 거실을 서재처럼 꾸미는 인테리어가 유행입니다. 특히 아이를 키우는 집에서는 아이들에게 책 읽는 분위기를 만들어 주기 위해 많은 분이 시도하는데요. 그런데 거실에 책장을 가져다둔다 한들 정작 꺼내어 읽는 사람이 없으면 장식장에 불과합니다. 거실을 서재처럼 꾸몄다면, 꾸민 데 그치지 말고 용도에 맞게 사용해야 합니다. 부모가 먼저 거실 책장에서 책을 꺼내 읽는 모습을 보여준다면 가장 좋겠지요.

2. 주기적으로 책 진열 순서 바꾸기

지금 책장을 한번 살펴보세요. 혹시 책이 아이의 손에 닿지 않는 위 칸에 꽂혀 있지는 않은가요? 아니면 언제나 같은 책이 같은 자리에 꽂혀 있지는 않나요? 책장에서 책은 아이의 손에 쉽게 닿는 곳에 있는 것을 원칙으로 하되, 책의 배열은 주기적으로 바꾸어주도록 합니다. 새로 사거나 빌린 책은 아이가 스스로 꽂을 위치를 정하도록 하는 것도 좋고요. 서점의 책 진열 방식처럼 책등이 아닌 표지가 보이도록 배치하는 것도 아이의 흥미를 끄는 방법입니다.

3. 읽지 않는 책은 과감히 버리기

간혹 주변에서 물려받거나 버리기 아깝다는 이유로 아이들이 읽지 않는 책을 책장에 내버려 두는 경우가 있습니다. 책장에 많은 책이 꽂혀 있다고 해서 아이가 그 책들을 모두 읽지는 않을 겁니다. 아이의 연령에 맞지 않거나 오랫동안 흥미를 끌지 못하는 책은 집에 쌓아두기보다 과감히 처분하는 편이 더 낫습니다.

함께 공부하는 공간 만들기

저는 결혼하고 3개월 뒤 큰아이를 임신하고 출산 직후 친정으로 들어가 꽤 오랫동안 더부살이를 했습니다. 당시 남편은 대학병원 인턴으로 근무하던 터라 집에 들어오는 날보다 병원에서 지내는 날이 더 잦았지요. 저 역시 하루에 두세 개씩 뉴스를 진행하며 한창 바쁠 무렵이었고요. 친정어머니께서는 이런 저희 부부 사정을 배려해 손주 돌봄이 역할을 자임하셨습니다. 염치없는 시간이 자그마치 7년. 큰아이와 네 살 터울로 태어난 둘째가 세 돌이 될 때까지 어머니는 두 손주를 손수 업고 먹이며 어엿하게 키워주셨습니다. 저희 네 식구는 큰아이가 초등학교에 입학하고 둘째가 유치원에 다닐 무렵이 되어서야 비로소 독립했습니다. 물론 여전히 시도 때도 없이 어머니에게 SOS를 쳐가며 기대어 사는 신세를 면치 못하고 있기는 하지만요.

몇 년간 신세를 진 친정집에서 독립하던 날, 새집의 벽지는 뭐로 바를지, 방은 어떻게 꾸밀지를 고민하며 신혼집을 꾸미듯 들떴던 기억이 납니다. 가장 먼저 실행에 옮긴 건 가족 공부방을 만든 것인데요. 이는 2013년, 《대한민국 대표엄마 11인의 자녀교육법》을 쓰며 각 분여의 여성 리더들과 인터뷰를 진행할 때부터 다짐했던 것입니다. 당시 11인의 엄마 중 한 명인 김자영 KBS 전 아나운서가 들려준 경험담 덕분인데요. 한 방에 책상 세 개를 나란히 놓고 식구들이 각자의 자리에서 경쟁하듯 공부했다던 그녀의 이야기가 어찌나 부럽고 좋아보였는지요.

아이들에게 책 읽는 즐거움을 알려주기 위해서는 부모가 먼저 즐겁게 책을 읽는 모습을 보여주는 게 중요합니다. 부모는 아이의 거울이라고 하잖아요. 부모가 소파에 누워 텔레비전을 보는 것보다 책을 읽는 모습을 보여주면 따로 잔소리하지 않아도 아이는 으레 따르기 마련입니다. 이때 부모와 아이가 함께 책을 읽을 공간이 있다면 더욱 좋겠지요.

가족 공부방이라 해서 반드시 거창할 필요는 없습니다. 책을 읽을 책상과 의자 정도만 있으면 충분합니다. 작은 공간에 교자상을 펴놓고 '공부방'이라고 이름 붙이면 그 또한 괜찮습니다. 동네 문구점에서 살 수 있는 작은 칠판이나 화이트보드를 붙여 놓고 각자 읽은 책을 기록하면 더욱 좋겠지요. 그곳에 각자 읽은 책의 제목을 적고 한 달 동안 가장 많은 책을 읽은 사람이 이기는 게임을 통해 승부욕을 자극해 보기도 하고요. 아이와 함께 책 읽기를 위한 첫걸음으로 가족 공부방을 만드는 것만으로도 독서 환경을 만들어 줄 수 있습니다.

거실로 식탁을 옮긴다면?

거실에 텔레비전을 치우고, 대신 책상과 책꽂이를 배치하는 일명 '북 카페 인테리어'는 무척 좋은 발상이라고 생각합니다. 모름지기 공부에는 환경이 중요하니까요. 아들의 공부를 위해 세 번이나 이사했다는 맹모의 교육열이 예전에는 유난스럽게 느껴졌는데요. 엄마가 되고 보니 맹모의 심정이 충분히 이해가 되고도 남습니다. 주변에서 〈무한도전〉을 보든, 게임을 하든 간에 읽고 있는 책에만 집중할 수 있는 아이라면 모를까, 보통의 집중력과 학습 능력을 갖춘 아이라면 엄마가 나서서 환경을 만들어줄 것을 권합니다.

저희 집 거실에도 큰 책상이 있는데요. 실은 6인용 식탁을 책상으로 대신한 것입니다. 식탁을 거실로 옮기고 나니 안락함은 다소 사라졌지만 실용성은 나무랄 데 없습니다. 저와 남편의 노트북, 큰아이와 둘째의 책을 한 자리에 펼치고 각자의 용무에 열중할 수 있기 때문이지요.

요즘 식구들은 저녁을 먹고 나면 거실 식탁에 모두 둘러앉아 각자 공부에 몰두합니다. 남편은 주로 논문을 쓰고, 저는 책을 읽거나 글을 씁니다. 큰아이가 문제집을 풀거나 숙제를 하면 둘째도 질세라 그림을 그리고 글씨 연습을 합니다. 물론 일곱 살 둘째 진이의 집중력이 그리 길지 않은 탓에 고요한 분위기는 금세 끊어지곤 하지만요. 그럼에도 불구하고 네 식구는 거실의 식탁에 둘러앉아 복닥거리며 보내는 저녁 시간을 하루 중 가장 즐거운 시간으로 꼽습니다.

그렇다고 거실 식탁에서 공부만 하는 것은 아닙니다. 각자 낮에 있었던 일들을 미주알고주알 털어놓기도 하고 서로 조언을 구하거나 충고를 건네는 등 이야기꽃을 피우기도 합니다. 부부끼리 수다가 길어질 때면 아이들로부터 "좀 조용히 해 달라"라는 통박을 당하기도 하고요. 때론 주전부리를 펼쳐놓고 과자 파티를 벌이는 일도 있지요. 거실로 옮긴 식탁은 네 식구의 하루하루 일상을 쌓아가는 소중한 공간이 된 셈입니다.

여러분은 하루에 얼마나 가족들과 대화의 시간을 가지시나요? 지난해 보건복지부가 우리나라 가정의 하루 동안의 대화 시간을 조사했는데요. 결과는 충격적이었습니다. 한 시간의 채 절반도 되지 않는 이십여 분에 불과했기 때문입니다. 요즘은 가족들이 함께 모여 있어도 각자 스마트폰을 들여다보는 모습이 일상적인 풍경이 되었지요. 저 역시 아이들과 있을 때 혼자 스마트폰을 들여다보다가 아이들의 이야기를 놓치는 바람에 핀잔을 듣곤 합니다.

때로 아이들과 함께하는 시간이 버겁게 느껴질 때면 이런 생각을 합니다. "아이들이 나를 필요로 할 날이 얼마 남지 않았다"라고요. 몇 해만 지나면 아이들은 제 품을 떠나 어른으로 홀로 설 준비를 하게 될 테지요. 이십오륙 년 전, 제가 그랬던 것처럼 말입니다. 그렇게 생각하면 스마트폰 속 세상보다 지금 나와 살을 비비고 있는 내 가족들이 더욱 소중하게 느껴집니다.

아이들과 함께 추억을 만드는 건 특별한 이벤트가 없어도 가능합니다. 온 가족이 함께 모일 수 있는 공간을 만들어 매일 함께 책 읽는 시간을 만드는 것으로도 충분합니다. 하루에 단 10분이라고 해도 괜찮습니다. 10분이 30분이 되고 1시간이 될 수 있도록, 지금 바로 시작하는 겁니다. 일단 거실로 식탁을 옮겨보세요.

TV와 스마트폰은 잠시 꺼두셔도 좋습니다

"텔레비전은 바보상자야."

　　두 딸이 넋을 놓고 텔레비전에 빠져 있을 때면 남편은 이렇게 말합니다. 어릴 적, 초등학교 교사이셨던 아버님에게서 줄곧 듣던 말이라면서요.

　　남편이 어릴 적, 그러니까 7, 80년대에는 텔레비전이 바보상자였는지도 모르겠습니다. 그러나 요즘 텔레비전은 예전보다 훨씬 똑똑해졌지요. 우리는 텔레비전을 통해 평소 직접 만나기 어려운 대가들의 강연을 듣거나, 가보기 어려운 오지의 문화를 간접 체험하기도 합니다.

　　우리 집 딸들은 텔레비전을 보는 것을 참 좋아합니다. 큰딸 솔이는 가끔 무릎 위에 책을 올려놓고 텔레비전을 보기도 하는데요. 아마도 잔소리 예방 차원이 아닐까 합니다. 이때 아이를 잘 관찰해 보면 아이의 눈은 무릎 위를 향해 있지만 귀는 텔레비전을 향하고 있음을 알 수 있지요. 그럴 때는 차라리 책을 덮고 텔레비전을 보게 하는 게 낫습니다. 단, 시간을 미리 정합니다. '지금 보고 있는 프로그램이 끝날 때까지' 혹은 '앞으로 30분 동안' 하는 식으로 말이지요.

　　얼마 전 대한의사협회가 '국민건강십계명'을 발표했는데요. 이 단체가 발표를 시작한 이래 최초로 '스마트폰 부작용'에 대한 내용이 포함됐다고 합니다. 특히 협회는 '2세 미만 영유아가 스마트폰을 사용하는 것은 아이의 인지발달과 신체발달에 모두 악영향을 줄 수 있다'라고 경고했습니다.

　　스마트폰이 아이들에게 미치는 부작용은 이미 여러 차례 지적된 바 있습니다. 2015년 보스턴 의대 연구진은 스마트폰이 아이의 감정을 일시적으로 바꿀 수는 있지만 스스로 감정을 제어하는 능력을 키우는 데 해가 된다고 밝혔습니다. 수학, 과학 학습 능력을 떨어뜨릴 수 있다고 경고하기도 했고요. 이런 이유로 타이완 등 일부 나라에서는 어린이와 청소년의 스마트폰 사용을 법으로 제한하기도 합니다.

군이 연구 결과를 들먹이지 않더라도 우리 엄마들은 스마트폰과 텔레비전이 아이들에게 좋지 않은 영향을 미친다는 것을 경험상 무척 잘 알고 있습니다. 다만 아이들에게 잔소리하기 싫어서 혹은 잠시라도 편하고 싶은 생각에 아이의 손에 스마트폰을 넘겨주는 것이지요.

일부 부모들은 아이가 학교에 입학하면 텔레비전부터 없애기도 합니다. 제 주변만 해도 텔레비전 없이 생활하는 가정이 꽤 됩니다. 그러나 하지 말라고 하면 더 하고 싶은 게 아이들 심리이지요. 아예 차단하기보다는 한정적으로 허락해 주는 편이 오히려 더 나을 수 있습니다. 대신 '한정적 허용 원칙'은 반드시 지킬 수 있도록 하는 것이 좋겠지요.

중요한 건 아이가 텔레비전을 볼 수 없는 시간에는 어른들도 보지 말아야 한다는 겁니다. 반드시 봐야 할 프로그램이 있다면 아이가 잠든 이후나 없는 시간에 보면 됩니다. 요즘은 마음만 먹으면 언제든지 보고 싶은 방송을 다시 볼 수 있으니 말이지요.

혹시 '내가 애들 때문에 이렇게까지 해야 하나?'라는 생각이 드시나요? 그렇다면 '아이들이 스스로 조절할 수 있는 능력이 생길 때까지만 도와준다'라고 생각하면 어떨까요. 정신의학과 이시형 박사는 그의 책 《아이의 자기조절력》에서 만 3세부터 6세까지의 자기조절력 훈련이 아이의 운명을 좌우한 다고 주장했습니다. 이 시기에 몸에 밴 생활 습관이 자기조절력을 키우는 데 결정적 영향을 준다는 설명입니다. 이때 자기조절력을 잘 숙련한 아이들은 청소년기 또한 수월하게 겪어낼 수 있고요. 사랑하는 내 아이에게 책과 친해 질 기회를 주기 위해 잠시 텔레비전과 스마트폰은 꺼두시면 어떨까요.

책 정리, 하지 마세요

얼마 전 지인의 집을 방문했다가 욕실에서 특별한 물건을 발견했습니다. 물 건의 정체는 '책꽂이'였는데요. 지인에게 연유를 물었더니, "우리 집에 놀러오 는 사람마다 그것부터 묻는다"라며 웃더군요. 가족들이 모두 책을 좋아하기 때문에 욕실에도 읽을거리를 비치해 둔 것이라고요.

책꽂이는 얇은 철대로 만들어진 삼단짜리로 욕실 변기 옆 자투리 공간 에 자리하고 있었습니다. 얇은 시집과 동화책 두어 권이 손때가 묻어 표지가 너덜너덜해져 있는 것이 인상적이었지요. 용변을 보는 짧은 시간이나마 책을 읽겠다는 의지가 느껴서 몹시 감탄했습니다.

'에이 뭘 그렇게까지…' 하고 무심히 넘길 수도 있지만 제게는 다소 신 선한 충격이었습니다. 저는 평소 물건이 있어야 할 자리에 있지 않으면 조바 심을 내는 일종의 '정리벽'이 있기 때문인데요. 만일 책이 여기저기 돌아다니 는 것을 보게 되면 득달같이 달려가 곧바로 책장에 꽂아두는 걸 당연하게 여기던 터였습니다.

저와 정반대의 경우도 있습니다. 가수 이적의 어머니로 잘 알려진 여성학자 박혜란 작가는 세 아들이 모두 서울대학교에 입학한 것으로 유명하지요. 그녀는 책《믿는 만큼 자라는 아이들》에서 자신의 교육 비법으로 '지저분한 거실'을 꼽습니다. 그녀는 책에서 자신의 집이 얼마나 지저분하냐 하면 아들 친구들 사이에서 '동훈이(박혜란 작가 아들)네 집은 쓰레기통'이라는 이야기까지 돌았을 정도라고 고백합니다. 그러나 본인은 그런 환경이 오히려 아이들의 창의력을 키우는 데 도움을 주었다고 밝힙니다. 지나치게 깔끔한 부모 밑에서 자란 아이들은 상상력이 빈곤해지고 따라서 공부도 잘하기 어렵다는 설명이지요.

그녀의 말에 어느 정도 고개가 끄덕여집니다. "집은 사람을 위해 존재하는 것이지 사람이 집을 위해 존재하는 것이 아니다"라는 책 속 그녀의 말을 빌려 저는 이렇게 이야기하고 싶습니다. "책은 읽으라고 있는 것이지 책장에 꽂아두라고 있는 것이 아니다"라고요.

집안 곳곳에 책을 놓아두세요. 침실에도, 식당에도, 화장실에도요. 본래 책 읽기는 "준비, 땅!" 하고 시작하는 게 아닙니다. 문득 읽고 싶어질 때, 옆에 책이 있을 때, 곧바로 읽는 것이 가장 좋은 법입니다. 책 정리, 하지 마세요.

"책장은 인테리어 가구가 아닙니다. 책장은 보관함일 뿐입니다."

닫혀 있기만 한 책은
블록일 뿐이다.

토마스 풀러 Thomas Fuller

✉

권장도서나 필독서를 따지기 보다는 아이의 흥미와 수준에 맞는 책을 고르는 안목이 필요합니다. 연령별, 학년별 추천도서에 얽매이지 마세요. 아이가 보고 싶은 책, 재미있어하는 책을 고르고 함께 읽는 것으로도 충분합니다.

가족이 함께 모여 책을 읽거나 도서관에 가는 등의 독서 분위기는 아이가 책에 집중하게 하는 데 큰 효과가 있습니다. 도서관을 한번 생각해 보세요. 넓은 책상을 빼곡하게 채운 사람들이 각자의 책에 집중하는 모습이 그려지시나요?

또한, 친구들과 놀면서 독서를 할 수도 있지요. 독서 모임의 가장 큰 장점은 친구들과 함께할 수 있다는 것입니다. 특히 책 읽기를 공부로 여기는 아이들에게 효과적이지요. 이런 경우 친구들과 함께 읽고 쓰고 말하는 행위를 통해 독서의 즐거움을 깨칠 수 있습니다. 그러면 혼자 읽는 시간을 늘리는 것도 수월해지지요.

CHAPTER 03

엄마가
주도하는
우리 아이
읽기 교육

책, 구입에도
명확한 기준이 필요하다

전집, 사는 게 좋을까?

오전 열한시, 남편과 아이들을 직장과 학교에 보내고 집 안 청소를 마친 엄마는 한숨 돌리며 소파에 앉아 텔레비전을 켭니다. 우연히 걸린 홈쇼핑 채널 속 쇼호스트는 아이들에게 좋은 책이 싸게 나왔다며 어린이 전집을 소개합니다. 한 권에 만 원이 넘는 책이 60권인데, 총 30만 원이 채 안 됩니다. 게다가 무이자 할부 12개월에, 사은품으로 책장까지 준다는군요. 어떤 책인지, 미처 고민하기도 전에 쇼호스트는 '매진 임박'을 외치고, 엄마는 마음이 바빠져 어느새 전화기를 들고 주문 버튼을 누릅니다.

네, 눈치채셨는지 모르겠지만 바로 제 얘기입니다. 큰아이가 유치원에 다닐 무렵이니, 벌써 4, 5년 전 일이네요. 아이에게 일일이 책을 골라주자니 귀찮기도 하고, 또 유명 출판사에서 나온 책이니 오죽 좋겠거니, 편히 생각했습니다. 텔레비전 화면 속 책 표지의 색감도 알록달록 화려한 모양새가 책장에 가지런히 꽂아두면 썩 보기 좋겠다고 생각했지요. 주문하고 며칠 뒤 책이 도착했습니다. 사은품으로 받은 책장을 설치하고 칸마다 책을 꽂아두니 마음이 제법 뿌듯하더군요. 아이가 이 책을 다 읽기만 하면 똑똑 박사가 되는 건 시간문제 같았습니다.

　그런데 막상 아이의 반응은 기대와 달랐습니다. 아이는 책장에 꽂힌 60여 권의 책 중 하나를 꺼내 몇 장 넘기는 듯하더니 이내 다른 책을 빼 들었습니다. 그러기를 한두 차례, 결국 한 권도 제대로 읽지 않고 곧 흥미를 잃고 말았습니다. 아마도 아이는 책장에 꽂힌 책들을 그저 '엄마가 새로 산 인테리어 장식품' 정도로 여기는 듯했지요. 큰맘 먹고 야심 차게 준비한 전집은 값비싼 애물단지가 되고 말았습니다.

　전집은 출판사의 주도로 기획된 책입니다. 따라서 개별 기획된 책들에 비해서 다소 책의 질이 낮을 수 있다는 위험이 존재합니다. 또한 구입하기 전에 하나하나 꼼꼼하게 살펴보기도 어렵고요. 많은 책을 한꺼번에 들이다 보니 아이에게 '저 많은 책을 내가 다 읽어야 한다니!' 하는 부담을 줄 수도 있지요. 따라서 아직 책에 흥미를 느끼기 전의 아이라면 전집보다는 단권의 책부터 시작할 것을 권합니다. 단 한 권을 사더라도 엄마와 아이가 함께 살펴보고 신중히 골라야 오랜 시간 동안 여러 번 반복해서 읽을 가능성이 높습니다.

또한, 흔히 하는 잘못된 생각 중 하나는 무조건 책은 많이 읽는 게 좋다는 생각인데요. 반드시 그렇지는 않습니다. 인터뷰에서 만난 작가들에게 "어릴 때 얼마나 많은 책을 읽었느냐"라고 물으면 십중팔구는 "한두 권의 책을 여러 번 반복해서 읽었다"라고 답합니다.

같은 책을 여러 번 읽으면 좋은 점 중 또 하나는 한글을 자연스럽게 깨칠 수 있다는 점입니다. 실제로 큰아이의 경우 한글 학습지나 낱말 카드 등 별다른 교육 없이 오직 책 읽기만으로 한글을 익혔습니다. 글의 양이 적고 쉬운 책을 골라 엄마가 반복해서 읽어주면 어느새 아이 혼자 힘으로 한 글자, 한 글자 읽는 놀라운 순간을 마주하게 될 것입니다.

그렇다고 전집이 반드시 나쁜 것만은 아닙니다. 이미 책에 흥미를 갖기 시작한 아이의 경우, 한 번에 여러 권씩 새로운 책을 읽고 싶어 하기도 하지요. 이때는 좋은 전집을 골라 들이는 것도 좋습니다. 다만 구매 전 반드시 단 몇 권만이라도 미리 훑어보는 수고가 필요합니다. 명작 도서의 경우에는 원작을 훼손하지 않았는지, 자연 관찰 책은 편집과 사진, 기획이 어떤 식으로 구성되었는지 등을 살핍니다. 새 책을 고집하기보다는 중고서적을 사서 읽고 다시 바꾸어 보는 것도 좋은 방법입니다.

권장도서는 잊어라

요즘 국내 작가 중 가장 인기 있는 이를 꼽으라면 이 분을 빼놓을 수 없지요.

바로 유시민 작가인데요. 제가 진행하는 〈TV, 도서관에 가다〉에도 출연하신 적이 있습니다. 당시 많은 팬들이 녹화가 진행되는 두어 시간 동안 녹화장 주변을 서성이던 일이 기억납니다. 저 역시 유시민 작가의 책을 여러 권 읽었는데요. 특히 《청춘의 독서》라는 책을 좋아합니다. 이 책은 작가가 추천하는 고전을 통해 우리 시대 청춘들이 가지고 있는 인생 고민의 해답을 제시합니다. '지식인은 무엇으로 사는가?', '불평등은 불가피한 자연법칙인가?' 등 묵직한 주제를 담고 있는데요. 청춘이라면 반드시 읽어야 할 책을 추천한다는 점에서 한 번쯤 꼭 읽어볼 만합니다.

하지만 《청춘의 독서》에서 추천하는 고전 중 제가 실제로 읽은 책은 채 절반 정도에 지나지 않습니다. 아무리 좋은 책이라 해도 정작 '끌리지 않으면' 손이 가지 않기 때문이지요. 어른들도 그러한데, 우리 아이들은 오죽할까요. 사실 권장도서는 선정 기준이 불명확합니다. 대게 권장도서 앞에는 '0학년 권장도서' 하는 식의 나이가 따라붙는데요. 그러나 같은 학년이라고 해서 책 읽는 수준이 모두 같은 건 아닙니다. 이 땅의 모든 청춘이 사마천의 《사기》를 읽어내기란 쉽지 않은 것처럼 말입니다.

책은 모름지기 재미있어야 합니다. 이는 어른이나 아이나 모두 마찬가지입니다. 그러므로 책을 고를 때는 '자신의 수준과 흥미에 맞는지'부터 따져 봐야 합니다. 오히려 권장도서보다 더 생각해야 할 것은 '비 권장도서'입니다. 타 인종이나 소수자에 대한 차별을 담고 있거나 성 역할에 대한 고정관념을 심어주는 책들 말입니다.

그렇다면 좋은 책은 어떻게 골라야 할까요?

많은 전문가가 좋은 책을 고르는 방법의 하나로 '독서 계획표'를 추천합니다. 독서 계획표란 말 그대로, 앞으로 어떤 책을 읽을지 계획하는 것입니다. 그러나 저는 이 또한 굳이 필요하지 않다고 생각합니다. 독서 계획표라는 것 자체가 어떤 책을 언제 읽겠다는 다짐인데, 이조차 책에 대한 '의무감'을 불러일으킬 수 있기 때문이지요. 무엇보다 책을 읽는 행위는 '공부'나 '숙제'가 아니라, '재미'가 바탕이 되어야 합니다. 굳이 계획표를 만들기보다는 그때그때 읽고 싶은 책을 읽게 하는 게 더 좋다는 생각입니다. 만일 아이가 한 가지 분야의 책만 읽는 것이 걱정된다면 계획표보다는 '기록표'를 작성하면 어떨까요. 매일매일 읽은 책에 대해 기록한 뒤 2주 혹은 한 달에 한 번씩 독서 목록을 살펴보며 스스로 반성과 계획의 시간을 갖는 것이지요. 이때 중요한 것은 아이 스스로 하도록 믿고 맡기는 것보다 엄마와 함께 의견을 나누는 것입니다.

"이번 주에는 자연 과학책을 꽤 여러 권 읽었구나. 다음 주에는 창작동화나 철학 동화도 한두 권 읽어보면 어때?", "내일은 위인전을 같이 읽고 이야기해 볼까?" 하는 식으로요.

연령별, 학년별 권장·추천도서에 얽매이지 말고 아이와 함께 도서관이나 서점을 찾아보세요. 이 책 저 책 하나씩 꺼내 읽다 보면 아이가 어떤 책을 좋아하는지, 금세 파악할 수 있습니다. 비교적 수준을 낮추어서 재미를 느낄 만한 것으로 고르는 것도 좋은 방법입니다.

독서에 대한 중요성이 높아지면서 학교에서도 독서 교육에 대한 다양한 시도가 이루어집니다. 정규 수업 이전에 독서 시간을 마련하는가 하면 독서일기, 독서록 등을 과제로 내줍니다. 방학이면 '권장도서'라는 제목의 유인물을 나누어주기도 하고요. 또 어떤 학급에서는 권장도서 빙고 게임이나 많은 책을 읽은 아이들에게 상품을 주기도 합니다. 아이들에게 되도록 많은 책을 읽히고자 하는 선생님의 마음이 느껴지지요.

그런데 얼마 전 아이 친구 엄마들과 함께 한 자리에서 한 분이 이런 걱정을 쏟아냈습니다. "학기 초, 담임선생님이 나누어주신 권장도서 목록을 한꺼번에 샀는데 막상 아이가 절반도 읽지 않아 속이 상한다"라고 말이지요.

학교나 학원에서 나누어주는 '권장도서'에 의무감을 느끼는 분들이 생각보다 많으실 줄로 압니다. 품절된 책을 구하려고 인터넷이나 중고책방을 뒤지는 수고도 아끼지 않을 정도로요. 그러나 권장도서란 말 그대로 권장하는 사항일 뿐입니다. 대부분의 권장도서는 특정 기관이나 단체에 속한, 소위 '전문가'들이 추천하는 책인데요. 아무리 좋은 책이라고 해도 아이가 흥미를 느끼지 못한다면 무슨 소용이 있을까요?

필독서 또한 마찬가지입니다. 서점이나 도서관에 가면 표지에 '교과서 수록 동화'라고 커다랗게 표시가 된 책을 만나곤 합니다. '교과서에 나온 책'은 반드시 읽어야 한다는 것 또한 잘못된 생각입니다. 교과서에 실린 책들은 그 단원에서 가르치고자 하는 학습 내용의 이해를 돕기 위해 수록된 예시입니다. 그러므로 굳이 원문을 다 읽어야 할 의무는 없습니다. 물론 읽는다고 해서 나쁠 것은 없지만 반드시 읽어야 할 의무가 있는 것은 아니므로 부담을 가질 필요는 없다는 뜻이지요.

그러므로 권장도서나 필독서를 따지기보다는 아이의 흥미와 수준에 맞는 책을 고르는 안목이 필요합니다. 연령별이나 학년별 절대 기준치에 내 아이를 맞추기보다는 내 아이의 흥미와 수준을 이해하고 공감하는 것이 가장 좋습니다.

책 쇼핑, 온라인보다는 오프라인으로

아이에게 책을 권해주고 싶은데 도무지 무슨 책을, 어떻게 고를지 모르겠다는 분들이 많으시지요? 이때 가장 손쉬운 방법은 바로 '인터넷 검색'입니다.

인터넷에는 수많은 정보가 있습니다. 저 또한 책을 고를 때 대형 서점의 베스트셀러나 리뷰를 검색하곤 합니다. 하지만 여기서 반드시 알아야 할 것이 있습니다. 많이 팔린 책이 무조건 좋은 책은 아니라는 사실입니다.

'입소문' 역시 책을 고르는 중요한 기준이 됩니다. "아는 엄마가 읽혀봤는데 애들이 정말 좋아한대", "이 책이 엄마들 사이에서 요즘 인기라더라" 등의 입소문은 책을 고르는 데 많은 영향을 주기도 하지요. 요즘은 이를 이용한 마케팅도 성행합니다. 실제로 아이들을 위한 책이나 육아서의 경우, 출판사에서 대다수의 엄마 회원을 보유한 인터넷 카페나 사이트 등에 비용을 지불하거나 인스타그램, 페이스북 등의 SNS 마케팅을 이용하여 홍보하는데요. 대게 글보다는 표지 디자인이나 몇 문장의 글귀를 소개하며 엄마들의 눈길을 사로잡는 전략을 씁니다.

물론 많은 사람에게 회자된다는 건 그만큼 화제성이 있다는 뜻입니다.

그러나 여기에서도 정작 중요한 건, 옆집 아이에게 재미있는 책이 우리 아이에게는 재미없을 수도 있다는 사실입니다. 엄마(어른)들 사이에서는 인기가 있지만 아이의 입맛에는 또 다를 수도 있고요.

그러면 도대체 어떤 책을 골라야 할까요? 우리 아이가 좋아하는 책을 고르면 됩니다. 그렇다고 아이에게 제목만 보고 맘에 드는 걸 고르라고 할 순 없는 노릇이지요. 다행히 요즘 대형 서점에는 책을 읽을 수 있는 커다란 책상이 마련되어 있습니다. 마치 도서관처럼 아이들이 모여 앉아 책을 읽는 모습을 서점에서도 쉽게 발견할 수 있지요. 책에 별 관심이 없는 아이라도 책장에 얼굴을 묻고 집중하는 또래들 사이에 있다 보면 '어디 나도 한 번 읽어볼까?' 하는 마음이 들기 마련입니다.

서점에 가면 가장 먼저 매대부터 살피는 분들 많으시죠? 대형 서점의 경우 신간이나 베스트셀러의 코너를 따로 만들어 진열하는데요. 하지만 여기에도 숨겨진 사실이 있습니다. 보통 출판사에서는 신간을 출간하면 서점별로 열 권 정도를 배부합니다. 권 당 열 권이라고 해도 서점으로서는 결코 적은 양이 아닙니다. 출판사별로 매달 수십 권의 신간이 나오기 때문에 모두 매대에 진열할 수 없는데요. 따라서 매대에 오르는 책들은 유명 저자의 책이거나 출판사가 서점 측에 일정 비용을 지불한 책들입니다. 아무래도 눈에 띄는 곳에 진열할수록 판매로 이어질 확률이 높기 때문에 출판사 입장에서도 투자할 가치가 있다고 여기는 것이겠지요.

매대에 진열된 책이 아니더라도 좋은 책은 많습니다. 어린이 도서의 경우만 해도 그런데요. 가장 잘 보이는 곳에 진열된 '저학년 추천도서', '고학년 추천도서'의 책들 대부분은 '학습 만화'가 차지하고 있습니다. 아마도 아이들의 관심을 끌어서 판매로 연결하기 위한 일종의 전략이 아닐까요.

저학년, 고학년 책을 구분하는 것도 무의미합니다. 책을 고르는 데 나이와 취향, 수준이 정해진 것은 아니기 때문이지요.

그러므로 서점에 가면 매대만 공략하기보다는 아이가 될 수 있는 대로 다양한 책을 살펴보도록 도와주면 어떨까요. 아이가 본인이 마음에 드는 책을 발견할 때까지 이 책, 저 책 닥치는 대로 꺼내 훑어볼 시간도 주고요. 앞으로 삼십 분 혹은 한 시간 뒤에 만나기로 하고 엄마는 엄마대로 읽고 싶은 책을 고르면 됩니다. 아이가 읽고 싶은 책을 모두 골랐다면 그중 한두 권 정도만 사는 게 좋습니다. 읽을 책이 너무 많으면 오히려 흥미가 떨어질 수 있기 때문이지요.

《1일 30분》의 저자 후루이치 유키오는 "책은 읽고 싶은 마음이 들 때 읽어야만 효율적인 독서가 가능하기 때문에 산 당일, 바로 읽기 시작하는 것이 좋다"라고 조언합니다. 한꺼번에 여러 권의 책을 사면 읽고 싶은 타이밍을 놓칠 우려가 있기 때문이지요.

좋은 책을 고르는 방법은 그리 어렵지 않습니다. 몇 가지만 기억하면 누구나 좋은 책을 고를 수 있습니다. 다시 한 번 강조하지만 좋은 책이란 아이 스스로 흥미를 느끼고 즐겁게 읽을 수 있는 책을 말합니다. 그러므로 아이가 직접 읽고 싶은 책을 고르고 온라인보다는 오프라인에서, 서점의 매대만 공략하기보다는 마치 보물찾기를 하듯 구석구석 숨겨진 책들을 만지고 살피며 고르는 편이 좋겠습니다.

추천도서보다 중요한 비추천도서

초등학교에서는 학기 초마다 학부모 상담 시간을 갖습니다. 학부모들은 이 시간을 통해 우리 아이가 학교생활에 잘 적응하고 있는지, 별다른 문제는 없는지 담임 교사로부터 전해 듣고 해결 방안을 논의합니다.

작년에 있었던 일입니다. 평소 가깝게 지내던 아이 친구의 엄마에게 전화가 걸려왔습니다. 그녀는 다소 흥분한 목소리로 "어쩜 이럴 수가 있느냐"라며 말문을 열었습니다.

사연인 즉슨 학부모 상담 시간 담임 선생님이 아이의 시험 성적을 근거로 "아무개는 공부에는 소질이 없는 듯하니 예쁘게 키워서 나중에 좋은 남편 만날 수 있도록 기도를 열심히 하시라"라고 말했다는 것입니다. 아이 엄마는 고작 아홉 살밖에 되지 않은 아이에게 공부 소질 운운하는 것도 황당하지만, "여자아이는 예쁘게 키워서 시집 잘 가는 게 제일"이라는 교사의 사고방식이 어처구니없다면서 속상한 마음을 토로했습니다.

제가 어릴 때만 해도 '여자 팔자는 뒤웅박 팔자'와 같은 말이 별 거부감 없이 통용되던 시대였습니다. 남편 잘 만나는 것이 여자의 운명이라면, 게다가 그 자격이 '외모순'라면 굳이 딸들을 학교에 보내고 애써 공부시킬 필요가 있을까요? 아이들을 가르치는 선생님의 말씀이라고는 도무지 믿기 어려운, 몹시 시대에 뒤떨어진 언사임이 분명합니다.

이 시기 아이들에게 선생님의 사소한 말 한마디는 큰 영향력을 행사합니다. 초등학교 교사의 자질을 논할 때 임용시험 성적보다 바른 인성과 사고가 요구되는 것도 이런 까닭입니다.

　책도 이와 다르지 않습니다. 어릴 적 읽은 책 한 권이 인생을 바꾸어 놓은 사례는 무척 많습니다. 아르헨티나 출신의 혁명가 체 게바라는 스물세 살 의학도 시절, 라틴아메리카를 여행하며 《자본론》을 읽고 혁명의 당위성을 느껴 새로운 세계를 만들겠다는 목표를 세웠습니다. 만일 당시 그가 《자본론》을 읽지 않았다면 오늘날 체 게바라는 그저 아르헨티나의 이름 모를 의사로만 남았을지 모르지요. 전설 속의 트로이 제국을 발굴한 고고학자 하인리히 슐리만은 어릴 적 아버지가 읽어주신 책 《일리아스》를 계기로 트로이 발굴의 꿈을 키웁니다. 그 또한 만일 당시 그 책을 읽지 않았더라면 트로이는 우리에게 여전히 신화 속 공간으로만 남아 있었을지도 모를 일입니다.

　좋은 책을 읽는 것은 인생의 스승을 만나는 것과 다름없습니다. 우리 아이들에게 올바른 인생관과 가치관을 심어주기 위해서는 좋은 책을 읽도록 도와야 합니다. 그러나 세상의 모든 책이 다 좋은 것은 아닙니다. 아이들에게 좋지 않은 영향을 미치는 책들도 있기 때문이지요. 그러므로 추천도서보다 비추천도서를 선택하지 않도록 유념하는 것이 더 중요합니다.

　저희 집에는 동화책이 꽤 많습니다. 대부분 나이 차가 큰 육촌 형제에게서 물려받은 것인데요. 대략 10~15년 전에 출간된 책들이지만 지금 읽기에도 큰 무리는 없습니다. 다만 오래전 출간된 책이다 보니 간혹 현재의 맞춤법과 다른 표현들이 눈에 띕니다. 어른이라면 충분히 솎아내며 읽는 것이 가능하지만, 이제 막 한글을 익히는 아이들에게는 자칫 혼동을 줄 수 있으니 주의가 필요합니다.

비교육적인 내용이 담긴 책들도 잘 골라내야 합니다. 묘사가 폭력적이거나 선정적이지는 않은지, 인종·문화적 편견이나 성차별적 내용을 담은 책은 아닌지 미리 살펴보는 게 좋습니다.

요즘 어린이용으로 출간된 《삼국유사》, 《삼국사기》 등이 인기인데요. 우리 문화와 역사를 배울 수 있는 좋은 책입니다. 그러나 이 책은 각각 불교와 유교 사상을 바탕으로 집필되어 남존여비와 남아 선호 사상 등 성차별적 내용도 담겨 있습니다. 한 예로 《삼국사기》에서 김부식은 신라 선덕여왕에 대해 "어찌 늙은 할미로 하여금 규방에서 나라의 정사를 처리하게 하였는가. 여자를 세워 왕위에 있게 했으니 진실로 망하지 않는 것이 다행이다"라는 글을 적기도 했습니다. 따라서 이런 내용이 담긴 책을 읽은 뒤에는 아이와 함께 당시 사람들의 문화와 사상, 생각 등에 관해 이야기를 나눌 필요가 있습니다.

교과 연계도서의 함정에 빠지지 말자

우리는 왜 책을 읽을까요? 누군가는 나만의 자유를 만끽하기 위해, 누군가는 앎의 깊이를 더하기 위해, 또 다른 누군가는 자기 성찰과 위로를 얻기 위해서 책을 읽습니다. 아이들이 책을 읽는 이유도 이와 다르지 않지요. 하지만 아이들이 책을 통해 얻는 소득은 성인보다 훨씬 다양합니다. 인생의 경험이 적은 아이들은 책을 통해 정의와 불의를 구별하고 새로운 사실과 지식에 눈뜨며 미래를 꿈꾸고 설계할 수 있기 때문이지요.

그러므로 어린아이일수록 보다 다양한 주제의 책을 읽는 것이 중요한
데요. 일부 학부모님들 중에는 아이들의 책을 고를 때 '교과서 연계도서' 혹은
'학년별 필독서'에 매몰되어 좋은 책을 놓치기도 합니다. 그런데 만일 교과 연
계도서에만 치우쳐 책을 읽다 보면 자칫 아이의 수준이나 흥미, 관심과 상관
없는 독서를 강요하는 불상사를 초래할 수 있습니다. 게다가 교과과정과 연
계되는 책들은 비단 교과 연계도서라고 이름이 붙은 책들만이 아닙니다.

학년	1학기	2학기
3학년	· 우리가 살아가는 곳 · 이동과 의사소통 · 사람들이 모이는 곳	· 우리 지역, 다른 지역 · 달라지는 생활 모습 · 다양한 삶의 모습들
4학년	· 촌락의 형성과 주민생활 · 도시의 발달과 주민 생활 · 우리 경제의 성장과 발전 · 우리 사회의 과제와 문화의 발전	· 경제생활과 바람직한 선택 · 사회 변화와 우리 생활 · 지역 사회의 발전
5학년	· 살기 좋은 우리 국토 · 환경과 조화를 이루는 국토 · 우리 경제의 성장과 발전 · 우리 사회의 과제와 문화의 발전	· 우리나라의 민주정치 · 이웃 나라의 환경과 생활 모습 · 세계 여러 지역의 자연과 문화 · 변화하는 세계 속의 우리

위는 초등학교 3, 4, 5학년 《사회》 과목의 단원명입니다. 우리가 살아가
는 '고장'부터 '도시', '국가'에 이르기까지 점차 범위를 넓혀가며 사회의 개념
과 역할에 대해 배웁니다. 이때 교과과정과 연계되는 책은 무척 다양합니다.
정치, 경제, 세계와 관련한 책 전부가 이른바 '교과 연계도서'가 되는 것이지

요. 이렇듯 연계도서란, 출판사에서 마케팅을 위해 이름 붙인 책 몇 권에 불과한 것이 아니라 시중에서 구할 수 있는 아이들 책 대부분이 초등학교에서 배우는 내용과 연계됩니다.

다시 말해, 학습에 도움이 되는 책들은 따로 한정되어 있지 않습니다. 다양한 분야의 책을 골고루 읽는 것만으로도 큰 도움이 됩니다.

만만한 책부터 시작하라

책 프로그램을 진행하다 보니 일주일에 최소 두 권 이상의 책을 읽습니다. 평소 책을 좋아하는 편이라서 큰 어려움은 없지만, 이따금 진도가 나가지 않아 곤혹스러울 때도 있지요.

저는 특히 시나 소설 등 문학 작품을 좋아하는데요. 요즘에는 심리를 다룬 책에도 관심이 많습니다. 반면 경제, 자기 계발 분야의 책은 그다지 취미가 없는데요. 지루하고 어렵게 느껴지기 때문입니다. 경제에 대한 책을 잘 이해하려면 경제 개념과 용어 등에 기본 지식이 필요한데 그렇지 못하다 보니 읽는 속도가 잘 나지 않는 듯합니다.

어려운 책이 재미없기는 아이들도 마찬가지입니다. 아이들이 책을 읽을 때 아는 어휘가 70% 이상이라면 가장 이상적이라고 합니다. 반면 모르는 단어는 10% 이하일 때가 가장 좋고요. 다시 말해, '만만한 책'이 잘 읽힌다는 뜻입니다.

영어책도 마찬가지입니다. 제가 3년 전 출간한 책《대한민국 대표엄마 11인의 자녀교육법》에서 만난 영어 교육 전문가 이보영 박사는 "아이에게 영어책을 읽어줄 때, 반드시 아이의 수준보다 한 단계 낮은 책부터 시작하라"라고 조언합니다. 책이 어렵다고 느끼면 흥미도 떨어지기 때문입니다.

아이의 읽기 능력 수준을 높이고 싶다면 어릴 때부터 되도록 다양한 책을 많이 읽어주는 것이 좋습니다. 한글은 알파벳, 한자와는 달리 소리 나는 대로 표기합니다. 이를 표음 문자라고 하지요. 표음 문자는 글자마다 뜻을 담고 있는 표의 문자와는 달리 배우기 쉽습니다. 따라서 부모가 일찍부터 책을 읽어준 아이의 경우 한글 습득의 시기가 빠르고 읽기 수준도 높아질 수 있습니다. 혹시 아직 아이가 말도 잘 못하는데 벌써 책을 읽어주어도 좋을지 고민되시나요?

앞서 소개한 바 있는《기적의 영어 육아》이성원 작가의 아들 우성이는 현재 10살로 초등학교 3학년이지만 원어민 수준의 영어를 구사합니다. 단한 번의 사교육 없이 오직 엄마표 교육만으로 이룬 성과입니다. 이성원 작가는 그 비법으로 '매일 책 읽기'를 꼽습니다. 아이가 태어나 요람에 누워 있을 때부터 지금까지 단 하루도 빠짐없이 책을 읽어주었다고요. 우성이네 가족은 여행을 갈 때 트렁크에 가장 먼저 책부터 챙깁니다. 마치 하루 세 번 밥을 먹는 것처럼 책을 읽는 것이지요. 우성이와 네 살 터울의 동생 모두 학습지나 낱말 카드 등 다른 도움 없이 오직 책 읽기만으로 한글과 영어를 익혔습니다. 이성원 작가는 제가 진행했던 맘스라디오 〈우아한 부킹〉과의 인터뷰에서 "혹시 우성이가 남들보다 선천적으로 뛰어난 아이이기 때문에 가능한 일이 아니냐?"라는 질문에 "우성이는 또래 수준의 평범한 아이"라며 "매일 책 읽기의 기적은 누구에게나 일어날 수 있다"라고 답했습니다.

독서의 위대함은 이토록 놀랍습니다. 다만 매일 꾸준히 해야 한다는 단서가 붙으므로 거저 얻어지는 일은 아니지요. 매일 꾸준히 책을 읽으려면 일단 쉬운 책부터 시작해야 합니다. 과학에는 전혀 흥미가 없는 아이에게 대뜸 《코스모스》를 들이민다고 반길 리 없지요. 한 분야만 읽는 편독이 걱정된다 하더라도 책에 흥미를 붙일 동안은 아이가 좋아하는 책부터 시작합니다. 다시 한 번 강조하지만, 연령별·학년별 추천도서에 얽매이지 마세요. 아이가 보고 싶은 책, 재미있어하는 책을 고르고 함께 읽는 것으로도 충분합니다.

아이 책, 엄마도 함께 읽자

지금은 많은 이들 앞에서 마이크를 잡는 일이 전혀 쑥스럽지 않고 오히려 관객이 많을수록 희열을 느낄 지경이지만, 본래 저는 숫기 없고 수줍음이 많은 아이였습니다. 밖에서 친구들과 뛰어노는 것보다 혼자 책 보는 게 좋았지요. 그렇기 때문에 학교에 가지 않는 날이면 온종일 방에 틀어박혀 책 속에 얼굴을 파묻곤 했는데요. 저희 어머니는 저를 위해 많은 책을 구해 주셨습니다. 새로운 책을 들여놓는 날에는 어머니와 나란히 마룻바닥에 앉아 오랫동안 책을 읽었던 기억이 나는데요. 어머니가 저와 함께 책을 읽었던 것은 저와 책에 대한 이야기를 나누기 위해서였다는 걸 한참 뒤에야 알게 된 사실입니다. 당시에는 그저 '엄마도 동화책이 재미있나 보다'라고만 생각했거든요. 어린 시절 어머니와 나누던 책 이야기들은 여전히 마음속 소중한 추억으로 남아 있습니다.

자녀의 책을 함께 읽어보세요. 대화의 소재가 풍성해집니다. 동화는 어른들의 지친 마음을 치유하는 효과도 있습니다. 저는 큰아이가 아주 어릴 때부터 지금까지 매일 밤, 거의 하루도 빠짐없이 잠들기 전 동화책을 읽어주는데요. 요즘은 제가 오히려 더 그 시간을 기다립니다. 전래 동화, 철학 동화, 창작 동화, 과학 동화 등 분야를 가릴 것 없이 어쩌면 그리도 흥미롭고 재미있는지요. 책을 소리 내어 읽다 보면 하루 동안 쌓인 스트레스들이 깨끗하게 씻기는 느낌마저 듭니다. 오늘은 마치 그 예전 어린 시절로 돌아간 기분으로 아이의 책장 앞에 서보세요. 마음에 드는 책을 고르고 상상의 이야기 속으로 빠져보는 겁니다. 쫓기고 지친 마음에 깨끗한 한 줄기 빛이 스미는 신기한 경험을 느낄 수 있을 거예요.

엄	마	가		만	드	는								

읽	기		습	관										

유치원·초등학교의 독서 시간 충분할까?

"우리 아이는 도무지 책을 읽지 않는다"라며 고민하는 엄마들이 많습니다. 도대체 어떻게 해야 우리 아이들에게 좋은 책을 더 많이 읽힐 수 있을까요? 문제를 해결하기 위해서는 그 원인부터 알아봐야겠지요.

문화체육관광부에서 가장 최근에 조사한 '초등 독서실태'에 관한 보고서에 따르면 초등학생의 독서를 방해하는 가장 큰 요소로 '학교와 학원 때문에 시간이 없어서'라는 답이 가장 높은 것으로 나타났습니다. 다른 조사도 살펴볼까요. 교육출판전문기업 미래엔이 다음소프트의 소셜 매트릭스를 이용해서 최근 4년간(2013~2016) SNS에 올라온 데이터를 분석해 '초등학생 독서 트렌드'를 발표했습니다. 이 결과에서도 역시 초등학생의 독서를 방해하는 요소는 '시간'과 '공부'였습니다. 정부에서 조사 발표한 결과와 일맥상통하지요. 하지만 '초등 독서'에 대한 언급 수는 늘어났는데요. 이는 대학 입시에서 독서와 논술, 서술형의 비중이 높아졌기 때문으로 분석됩니다.

다시 말해 과거보다 독서에 대한 관심은 높아졌지만, 정작 시간이 부족해 책을 많이 읽지 못한다는 뜻입니다. 중·고등학생도 아닌 초등학생이 공부하느라 시간이 없어서 책을 읽지 못한다니, 어쩐지 좀 씁쓸하지요. 하지만 누구보다 현실을 잘 아는 우리 엄마들은 고개를 끄덕이실 겁니다. 영어, 수학등 교과목뿐 아니라 피아노, 미술, 태권도 등 예체능 수업까지 사설 학원에 의존해야 하는 처지이다 보니 우리 아이들이 책 읽을 시간이 없는 것은 어찌 보면 당연합니다.

그나마 다행인 것은 학교에서도 이러한 실태를 잘 알고 있다는 것입니다. 요즘 초등학교에서는 정규 수업 전 10분간 독서 시간을 갖습니다. 솔이도 초등학교에 입학한 뒤 매일 한 권씩 읽을 책을 챙겨갑니다. 비록 10분이라고 해도 매일 아침 학교에서 책을 읽는 시간이 있다는 건 바람직하지요. 무엇보다 매일 같은 시간에 책을 읽는 습관을 들일 수 있다는 점이 큰 소득입니다. 본격적인 수업에 들어가기에 앞서 뇌를 깨우는 시간도 되고요. 운동을 하기전 스트레칭 정도라고 할까요? 이렇게 매일 10분씩 책을 읽는 습관을 지니다 보니 본래 책 읽기를 싫어해서 시도조차 하지 않았던 아이들도 점차 흥미를 갖기 마련입니다.

그러나 하루 10분 책 읽기만으로는 좀 부족합니다. 핀란드, 스웨덴 등 북유럽의 교육 선진국들은 책을 읽고 토론하는 것이 교육의 전부일 정도로 거의 모든 수업을 읽기, 쓰기, 말하기로 진행한다고 하지요. 핀란드에서는 아이가 정규 학교에 입학하기 이전부터 이미 읽기 교육이 보편화 되어 있습니다. 문용린 서울대 교육학과 명예교수는 한 인터뷰에서 "핀란드에서는 책을 읽지 않는 것을 개인이 선택한 결과로 보지 않는다. 어떤 심각한 문제가 있는 것으로 보고 국가가 나서 적극적으로 돕는다"라고 말했습니다. 이는 우리 공교육이 본받아야 할 점이 아닌가 합니다. 아이에게 교육이 왜 필요한지, 우리는 왜 공부를 하는지와 같은 근본적인 질문의 답을 생각해 본다면, 시간이 없어 책을 읽지 못한다는 건 뭔가 주객이 전도된 느낌입니다. 이른 시일 내에 학교가 변하는 것을 기대하기 어렵다면 엄마가 나서는 수밖에 없겠지요. 가능한 한 학원 스케줄을 줄이고 책 읽는 시간을 늘려주는 식으로요. 아이가 스스로 책 읽는 습관을 들이기 전까지는 엄마의 도움이 필요합니다.

우리집 독서 시간 정하기

"솔아, 텔레비전 끄고 책 좀 볼래?"

　"만화 영화 조금만 더 보고 책 읽을게요."

　초등학교 4학년짜리 큰딸과 일곱 살 작은딸은 하루에도 몇 번씩 다투고 토라지기를 반복합니다. 하지만 자매가 대동단결하여 우애 넘치는 시간이 있었으니 다름 아닌 텔레비전을 보는 시간이지요.

저희 가족은 저녁 6시 30분쯤 저녁을 먹습니다. 엄마가 저녁 식사를 준비하는 동안 아이들은 텔레비전 앞을 떠나지 않지요. 큰딸을 생각하면 당장에라도 텔레비전을 없애고 싶지만 동생에게까지 좀 가혹하지 않나 싶어 내버려 두고 있는데요. 어찌 된 일인지 날이 갈수록 큰아이의 텔레비전 사랑은 커지는 것 같습니다. 보지 못하게 하니 더 보고 싶은 마음이 드는지, 틈만 나면 리모컨을 누르고 싶어 손이 근질거리는 눈치입니다.

그래서 저희 가족은 얼마 전부터 '텔레비전 보는 시간'을 정했습니다. 아이가 보고 싶어 하는 프로그램을 정해 그 시간은 마음껏 볼 수 있게 하는 겁니다. 그 대신 저녁 식사를 마친 뒤에는 무조건 텔레비전을 끕니다. 그 시간에는 무엇을 해도 상관없지만 책을 읽는 시간만은 정해두었습니다. 단, 시간이 그리 길지는 않습니다. 아침 독서 시간과 마찬가지로 하루 10분으로 정해놓으면 아이도 부모도 큰 부담이 없지요.

텔레비전을 보는 시간은 한 시간이 넘으면서, 책 읽는 시간은 너무 짧은 것 아니냐고요? 그러나 실제로 책 읽기가 10분 안에 끝나는 일은 거의 없습니다. 아이의 집중도나 숙제의 양에 따라 10분에 그치는 날도 있지만 대부분 30분 이상 지속하거든요. 아이가 읽을 책도 가급적 스스로 정하도록 하고 있지만 습관을 들일 동안은 주로 짧은 내용의 책을 추천합니다.

탈무드나 우화, 그리스 로마 신화처럼 글의 양은 적지만 깊은 뜻이 담긴 이야기를 한두 개쯤 읽게 하면 좋습니다. 다음에 이어질 이야기가 궁금해 끝까지 읽느라 3, 40분을 훌쩍 넘는다면 성공이지요. 무엇이든 즐기는 것을 이기지 못합니다. 책에 재미를 붙이기 시작하면 책만 본다고 잔소리하는 일도 생길 겁니다.

믿기 어렵다고요? 꿈같은 일이라고요? 속는 셈 치고 일단 시도해 보세요. 이 세상에 책을 좋아하지 않는 아이는 없습니다. 무궁무진하고 새로운 이야기들이 담겨 있는 책이 재미없을 리 있나요? 우리가 어릴 적 엄마, 아빠에게 즐겨 듣던 전래 동화, 이솝 우화를 비롯해 세상 속 다양한 이야기가 모두 책 속에 담겨 있는데요. 우리 아이는 그저 아직 책의 재미를 찾지 못했을 따름입니다.

독서할 수 있는 환경을 만들고 습관을 길러 주세요. 매일 같은 시간 책을 읽게 하고 부모도 함께 읽습니다. 아이는 책을 읽게 하고 엄마는 스마트폰을 본다면 뭔가 공평하지 않겠지요? '엄마는 책이 재미있다고 하면서 왜 읽지 않을까?' 하는 생각도 들 테고요. 아이와 함께 인문학적 교양을 쌓는다는 생각으로 아이가 읽는 시간엔 엄마도 무조건 책을 읽어보세요.

가족이 모여 함께 책을 읽는 것은 큰 효과가 있습니다. 도서관을 한 번 생각해 보세요. 넓은 책상을 빼곡하게 채운 사람들이 각자의 책에 집중하는 모습이 그려지시나요? 책을 읽기 위해 온 사람들이니 당연한 일이겠지만, 환경의 힘도 한몫합니다. 숨소리도 들릴 만큼 고요한 가운데 책장을 넘기는 소리만 간간이 들리는 도서관에서 다른 일을 하기란 쉽지 않습니다. '나도 질 수 없다'라는 묘한 경쟁심을 주기도 하고요.

아이의 독서 습관을 들이고 싶다면 다음 두 가지를 꼭 기억하세요.

1. 매일 같은 시간에 책 읽기

2. 가족의 독서 시간 갖기

저녁 식사 후 온 가족이 둘러앉아 각자의 책에 몰두하는 모습, 어떤가요. 상상만 해도 멋지지 않은가요?

엄마표 독서 모임을 만들자

"우리 아이는 책 한 권을 읽히려면 온종일 따라다니며 잔소리를 해야 해요."

"책은 꽤 많이 읽는데, 제대로 읽는 건지 도무지 모르겠어요."

"친구들과 노는 걸 너무 좋아해서 책을 읽을 시간이 없어요."

많은 부모가 공통으로 호소하는 자녀의 독서 고민입니다. 그런데 이모든 문제를 한 번에 해결하는 좋은 방법이 있습니다. 바로 '독서 모임'을 만드는 것이지요.

독서 강연을 하면 가장 많은 질문과 반응이 쏟아지는 것도 바로 이 '독서 모임'에 관한 것입니다. "정말 엄마가 할 수 있나요?", "몇 명을 모아야 하나요?"부터 시작해 "어떤 방식으로 해야 하나요?" 등 방법에 이르기까지 다양합니다.

독서 모임은 '혼자 책 읽기'와는 또 다른 효과가 있는데요. 가장 큰 장점은 친구들과 함께할 수 있다는 것입니다. 특히 책 읽기를 공부로 여기는 아이에게 효과적이지요. 이런 경우 친구들과 함께 읽고 쓰고 말하는 행위를 통해 독서의 즐거움을 깨칠 수 있습니다. 그러면 혼자 읽는 시간을 늘리기도 수월해집니다.

두 번째 장점은 '읽기를 통한 말하기' 훈련입니다. 물론 혼자 책을 읽을 때도 부모와의 '북토크book-talk'를 통해 읽기와 말하기를 연결할 수 있습니다. 하지만 독서 모임에서는 다른 이의 생각을 듣고 내 의견과 비교할 수 있습니다.

혹시 '모임'이라는 단어에서 부담을 느끼시나요? 그러면 이렇게 생각해 보세요. 아이 친구 두세 명쯤 집으로 불러 함께 놀게 한다고요. 지금도 이미 이따금 아이 친구들을 집으로 부르곤 하실 텐데요. 아이들이 놀기 전, 30분 정도 함께 책을 읽게 한다고 생각하시면 됩니다. 물론 약간의 결심은 필요합니다. '몇 번 해 보다가 안 되면 말지, 뭐'라고 생각하면 시작부터 느슨해져 오래 가기 어렵기 때문이지요.

모임을 만들기로 했다면 함께할 아이 친구들을 모으는 일부터 시작합니다. 모임 구성원은 2~4명 사이, 가급적 서로 가까운 곳에 사는 아이들이면 좋겠지요.

첫 모임은 오리엔테이션 정도로 가볍게 시작합니다. 아이들에게 모임의 의미를 설명해 주는 정도면 됩니다. 이때 거창한 설명보다는 "매주 이 시간, 이곳에 모여서 친구들과 재미있게 노는 거야" 정도로 아이들이 부담을 갖지 않게 합니다. 아이들의 의견을 모아 독서 모임의 이름도 정합니다. 다수결로 모임 이름을 정하고 멤버임을 증명하는 카드도 만들어 봅니다. 별것 아닌 소소한 것들로도 자부심과 소속감을 느낄 나이이기 때문이지요. 수첩을 만들어서 모일 때마다 스티커를 붙이고 일정 횟수가 넘으면 상품을 주는 것도 아이들의 참여와 관심을 높이는 방법입니다.

수업의 방식은 이렇게 진행합니다. 일주일에 한 권 각자 읽을 책을 미리 정해서 읽고 오도록 합니다. 만일 책을 구하지 못했거나 여러 사정으로 읽지 못한 아이들은 조금 일찍 와서 읽게 합니다. 취학 전, 저학년이라면 엄마가 대신 읽어주어도 좋습니다.

그다음 질문을 할 차례입니다. 읽기에서 말하기로 가는 단계이지요. 이때는 아이의 연령에 따라 질문의 내용에는 차이가 있으므로 나누어 설명하겠습니다.

1. 취학 전~초등 저학년

이 시기의 아이들은 책의 내용을 제대로 파악하고 있는지 확인하는 질문이 필요합니다. 책 속의 주요 사건은 무엇인지, 주인공의 특징은 무엇인지 등 글에 대한 기본적인 질문이면 됩니다. 단, 단답형의 질문을 유도하는 것은 좋지 않습니다. 《콩쥐 팥쥐》를 예로 들면, "콩쥐와 팥쥐 중 나쁜 사람은 누구지?", "밑 빠진 독의 구멍을 막아준 동물은 뭐였지?" 등 한마디로 답할 수 있는 질문보다는 "콩쥐는 왜 마을 잔치에 가지 못했을까?", "새엄마가 콩쥐를 구박한 이유는 무엇일까?"와 같이 되도록 문장으로 답할 수 있는 질문을 던지는 것이 좋습니다.

2. 초등 중~고학년

이 시기는 비판적 독서가 가능한 시기입니다. 따라서 단순히 줄거리를 확인하는 질문보다는 조금 더 자기 생각을 말할 수 있도록 기회를 주는 것이 좋습니다.《심청전》을 예로 들면, "과연 심청이는 효녀일까?", "내가 심청이라면 어떤 선택을 했을까?" 등 아이의 생각을 끌어낼 수 있는 질문이 좋습니다. 고학년이라면 주제에 대한 찬반 토론도 가능합니다.《돼지책》을 읽었다면 우리 사회의 양성평등 문제에 대한 아이의 생각을 묻는 식으로 좀 더 고차원적인 말하기를 유도할 수 있습니다.

읽기를 말하기로 연결했다면 다음은 쓰기 차례입니다. 아직 글씨를 자유롭게 쓰지 못하는 아이라면 그림을 그리는 것으로 생각을 표현합니다. 오늘 읽은 책의 주인공이나 인상 깊은 장면을 그려볼 수도 있고요. 친구의 그림과 서로 비교할 수도 있겠지요. 초등학생이라면 '주인공에게 편지 쓰기'나 '나의 경험과 연결해 써보기', '느낀 점을 동시로 표현하기' 등 다양한 쓰기 활동으로 이어갈 수 있습니다.

그런데 왜 반드시 부모가 직접 해야 하느냐고요? 학원에 보내면 되지 않느냐고요? 엄마가 독서 모임을 주도하면 아이들의 실력이 늘어나는 모습을 직접 확인할 수 있다는 큰 장점이 있습니다. 아이들 역시 학원 선생님보다 엄마와 친구들과 함께하는 시간이 훨씬 더 즐거운 것이 당연하고요. 물론 독서 모임을 지속적으로 이끌어가는 일은 절대 쉽지 않습니다. 그러나 시작이 어려울 뿐 모임의 횟수가 늘어날수록 점점 더 수월해 지리라 확신합니다.

매	일								

자	투	리	읽	기	의		힘			

티끌 모아 태산, 하루 10분 매일 독서

다양한 책 읽기는 공부의 밑거름이 됩니다. 아이들이 학교에서 읽는 교과서 역시 책이므로 이를 잘 읽는 것은 자연히 학습 능력으로 연결됩니다.

앞서 매일 아침 독서 10분이 공부에 놀라운 힘을 발휘한다는 사실 말씀 드렸지요? 매일 아침에 10분씩 책을 읽으면 수업 내용이 훨씬 더 잘 이해됩니다. 그 때문에 현재 많은 초등학교에서 '아침 독서'를 시행하고 있지요.

만일 아침에 진득이 앉아 책을 읽을 시간이 부족하다면 반드시 아침이 아니더라도 10분씩 틈틈이 글을 읽는 것도 좋습니다. 10분의 힘은 놀랍습니다. 다이어트를 생각해 보면 쉬운데요. 한두 달 굶어서 빼는 살보다 매일 조금씩 덜 먹는 게 장기적으로는 더 큰 감량 효과가 있지요. 자고로 꾸준함을 이기는 것은 없습니다. 티끌 모아 태산이라고 하잖아요. 주식이나 로또 등 일확천금을 노리는 것보다 평소에 한 푼 두 푼 절약하고 모으는 게 끝내는 더 많은 돈을 모으게 합니다.

아이들이 고작 10분이라는 시간 동안 무엇을 읽을 수 있을지 염려되시나요? 10분이면 탈무드나 이솝 우화, 짧은 수필 정도는 거뜬히 읽을 수 있습니다. 동시는 몇 편이고 낭독할 수 있지요. 읽기가 서투른 저학년도 매일 10분 읽기를 반복하면 속도가 눈에 띄게 느는 것을 확인할 수 있습니다. 처음에는 10분 동안 한 장을 채 못 읽던 아이도 한 달만 꾸준히 반복하면 같은 시간 동안 읽는 양이 많이 늘어납니다. 또한 산만하고 어수선한 아이라면 10분 읽기의 반복을 통해 집중력과 끈기를 기를 수 있습니다. 짧은 시간이라도 틈틈이 반복하면 긴 시간 읽은 것과 비슷한 효과를 볼 수 있는 틈새 읽기, 꼭 시도해 보시기 바랍니다.

1. 처음에는 부모가 읽어주세요

아이의 10분 독서 습관을 위해서는 부모의 도움이 필요합니다. 식사 후 혹은 잠들기 전, 아이가 좋아할 만한 책을 골라 읽어줍니다. 마치 아이가 젓가락질이 서툴던 시절, 수저에 반찬을 얹어 준 것처럼 말이지요. 아이가 숟가락질을 스스로 잘하게 되면 더는 부모의 도움이 필요하지 않듯, 혼자 읽는 습관을 들일 때까지만 돕는다고 생각하고 시작해 보세요. 목표는 하루 10분. 단, 10분이면 됩니다.

2. 아이가 부모에게 읽어주도록 하세요

이번에는 아이가 엄마에게 읽어주도록 합니다. 아이 혼자 책을 읽는 것이 익숙해질 때까지 부모가 옆에서 지켜봐 주는 수고가 필요합니다. 그러나 아이의 모든 독서 시간에 함께하기란 어려우므로 하루 10분 자투리 독서 때만이라도 함께하는 것이지요. 혹시 아이가 부모의 기대만큼 능숙하게 읽지 못하거나 다소 느리더라도 답답해하거나 지적하지 않고 묵묵히 들어줍니다. 간간이 재미있다는 반응을 보여주면 아이는 읽는 것이 더 신이 나겠지요.

3. 학교 유인물, 알림장, 요리 레시피까지 생활 속 읽기 습관

우리는 매일, 매시간, 스스로 인지하지 못하는 순간에도 수많은 글자를 읽습니다. 책과 신문, 인터넷 기사뿐 아니라 우연히 받은 광고용 전단지의 글이며 엘리베이터의 게시판 안내문까지 셀 수 없을 정도지요. 이제 막 글을 읽기 시작한 아이라면 생활 속 읽을거리를 통해 읽기의 자신감과 습관을 들일 수 있습니다. 아이가 학교나 학원에서 받아 오는 알림장, 유인물 등을 직접 읽게 하는 것부터 시작합니다. 엄마가 받아 읽는 것 대신 아이 목소리로 낭독하게 하는 것이지요. 매일 저녁 식사를 준비할 때 아이에게 요리 레시피를 읽게 하는 것도 좋은 방법입니다. 레시피에는 무게나 크기를 세는 단위들이 많으므로 이를 자연스럽게 익힐 수 있을뿐더러 엄마의 일을 돕는 것에 대한 성취감도 느낄 수 있습니다.

4. 집안 곳곳에 책을 두자

아이 침대 옆, 식탁이나 책상 위, 화장실 등 아이가 오가는 장소마다 한두 권의 책을 올려둡니다. 그다지 읽을 생각이 없었다 하더라도 곁에 책이 있으면 한두 번 뒤적거리다가 책 속으로 빠질 수 있기 때문이지요. 물론 어느 정도 읽기가 습관이 된 아이들의 경우에 해당되는 얘기입니다. 부모님도 식탁, 소파, 침대 등 위치를 가리지 않고 어디서든 책을 읽는 모습을 보여주면 좋겠지요. 아이들은 무의식적으로 부모의 모습을 보고 따라 하며 배웁니다.

5. 단행본 나누어 읽기

하루 10분 자투리 독서에는 가급적 그 시간 안에 읽을 수 있는 책을 선택하는 게 좋습니다. 그러나 읽기가 습관이 된 아이들의 경우 길이가 긴 단행본을 나누어 읽는 것도 좋습니다. 책갈피를 준비해서 읽은 만큼 표시하고 다음에 이어 읽는 방법이지요. 이전에 읽은 내용이 생각이 나지 않으면 몇 장 앞을 훑어보고 다시 시작해도 좋습니다.

읽는 습관은 가르치는 것이 아니라 들이는 것입니다. 습관이란 오랜 시간 동안 반복함으로써 자연히 몸에 밴 행위이기 때문입니다. 따라서 읽기 습관은 말이 아닌 행동으로 도와야 합니다. 틈새 시간, 하루 10분을 잘만 이용하면 읽기 습관을 들일 수 있습니다. 귀찮더라도 아이의 읽기 습관을 위해 부모님의 관심과 참여가 필요합니다.

신문 읽기, 첫 단추가 중요하다

요즘 종이 신문을 읽는 사람을 찾아보기 어렵지요. 길을 걷다 보면 '○○일보 구독 시 현금 · 상품권 증정'을 내세우며 호객을 하는 모습도 자주 봅니다. 인터넷이나 스마트폰을 통해 언제 어디서든 실시간 뉴스를 보는 시대이다 보니 굳이 종이 신문을 들여다볼 이유가 사라진 것이지요.

그러나 어린이 신문은 좀 다릅니다. 어린이 신문을 구독하기 시작한 건 솔이가 초등학교 2학년에 들어서부터니까 이제 겨우 2년이 지났지만, 어느새 신문 읽기는 아이의 하루를 여는 중요한 일과가 되었습니다.

솔이는 매일 아침 6시 30분쯤 일어납니다. 잠이 덜 깬 채 현관문을 열고 신문부터 챙겨 듭니다. 등교 준비를 하기 전 신문을 읽는 습관이 생긴 덕분이지요.

솔이가 신문 읽기 습관을 들이는 데에는 약 3개월의 시간이 걸렸습니다. 처음에는 신문 기사 중 딱 한 가지만 골라 읽게 하는 것으로 시작했습니다. 일단 습관을 들이는 게 목적이었기 때문에 처음부터 욕심을 내지 않았지요. 신문을 읽기 시작한 처음 몇 주 동안은 한 단락 읽는 것도 힘겨워하던 아이가 이제는 첫 장부터 끝까지 제법 꼼꼼히 읽습니다. 신문을 읽고 나서는 아침 식사를 하며 신문에 난 기사에 대해 저와 함께 이야기를 나누고요.

어린이 신문은 다양한 주제와 내용으로 구성되어 있습니다. 오늘 자 어린이 동아일보를 볼까요? 1면에는 요즘 한창 상영 중인 디즈니 영화 〈미녀와 야수〉의 한 장면이 글과 함께 실렸네요. 헤드라인은 '겉모습 말고 마음을 봐 주렴', 부제는 '무시무시한 외모 속에 착한 마음씨를 감춘 영화 주인공들'입니다. 아이는 며칠 전 극장에서 이 영화를 본 덕분인지 기사를 보자마자 몹시 반겼습니다. 기사에는 〈미녀와 야수〉뿐 아니라 영화 〈가위손〉과 〈해리포터〉에 대한 내용도 함께 실렸는데요. '사람을 단지 외모로 판단하면 안 된다'라는 심오한 주제를 담고 있었습니다. 아이는 기사에 실린 영화 〈가위손〉과 〈해리포터〉도 보고 싶다면서 〈가위손〉 주인공의 얼굴이 조금 무서워서 걱정이라고 말했습니다. 저는 아이에게 "처음에는 그렇게 느껴질 수 있지만 영화를 보다 보면 주인공의 순수하고 착한 마음에 그런 생각은 사라지게 된다"라고 말해주었지요. 이번 주 금요일 저녁에는 가족들과 과자 파티를 하며 〈가위손〉을 보자는 계획도 세웠습니다.

신문을 읽기로 했다면 처음에는 짧은 기사부터 읽습니다. 아이가 신문이라는 매체에 적응할 시간을 준 뒤 점차 양을 늘려 가는 것이지요. 만일 아이가 신문에 연재하는 만화만 골라 읽는다고 해도 나무라지 마세요. 이 단계에서 가장 중요한 것은 신문과 친해지는 습관을 들이는 것이기 때문입니다. 더 많은 기사를 읽는 건 그다음 문제입니다.

신문 속 이야깃거리를 찾아라

신문 읽기에 습관을 들였다면 보다 효과적으로 읽는 방법을 유도해야겠지요. 어린이 일간지를 예로 들어볼까요. 여기에는 기사 이외에도 토론할 만한 다양한 읽을거리가 실려 있습니다.

다음은 지난 '어린이 동아일보'의 코너 '뉴스 쪽, 시사 쪽'의 제목들입니다. '마스크는 한 번만 사용해요', '동물에게도 권리가 있어요', '남성은 본부장님, 여성은 아르바이트생'(2017.3.).

최근 미세먼지 때문에 마스크 사용이 늘자 올바른 착용 방법을 알려주는 기사를 비롯해 남녀 차별 등 사회적 문제, 도서관에서 책을 읽는 문화에 대한 찬반 의견 등 쟁점이 되는 내용을 어린이가 이해하기 쉽도록 담았습니다. 여기서 중요한 것은 신문을 읽은 다음입니다. 신문을 읽고 나면 단 몇 분 동안이라도 반드시 아이와 함께 기사에 대한 생각을 나누어야 합니다. 일단 아이가 기사의 내용을 제대로 파악했는지 살펴봅니다. 아이의 연령과 이해 정도에 따라 부모의 역할도 다른데요. 만일 아이가 내용을 제대로 파악하지 못했다면 다시 함께 읽으면서 기사의 내용을 차근차근 짚어주도록 합니다. 다행히 아이가 기사 내용을 제대로 이해하고 있다면 칭찬을 아끼지 마세요. 또 한 가지, 놓치지 말아야 할 것은 기사에 대한 '아이의 견해'입니다.

지난 미국 대선 직전 무렵의 일입니다. 여느 때처럼 신문을 읽던 솔이는 트럼프와 힐러리 두 미 대선 후보를 비교한 기사를 보고 나서 이렇게 말했습니다.

"엄마 나는 트럼프가 미국 대통령이 되지 않았으면 좋겠어."

"왜 그렇게 생각하는데?"

"트럼프는 우리나라 사람들을 싫어하는 것 같아."

"그렇게 느낀 이유가 뭔데?"

"신문에 보니까 트럼프가 대통령이 되면 미국에 사는 다른 나라 사람들을 다 내쫓을지도 모른대. 트럼프는 미국인만 좋아한다고 하던데 그걸 'American First'라고 한다더라. 근데 엄마, 그럼 우리 준아 언니도 한국으로 돌아와야 하는 건가?"

준아는 솔이의 사촌 언니이자 제 손위 시누이의 딸인데요. 형님은 미국 교포인 남편과 결혼해 현재 시애틀에 살고 있습니다. 아이는 트럼프가 대통령이 되면 고모네 식구들이 살던 곳에서 쫓겨날까 봐 짐짓 걱정되었던 모양입니다. 저는 아이와 트럼프의 '반 이민 정책'에 대해 이야기를 나누면서 대화 폭이 부쩍 넓어진 것에 대해 새삼 감탄했습니다.

신문의 '논술 코너'도 빼놓을 수 없습니다. 꼼꼼히 읽지 않으면 지나치기 쉬운 부분인데요. 반드시 활용해 보시기를 권합니다.

일간지 논술 코너는 초급(1~2학년), 중급(3~4학년), 고급(5~6학년)으로 수준이 나뉘어 있는데, 학년에 관계없이 아이에게 맞는 것을 선택하면 됩니다. 나이보다 한 단계 낮은 수준의 문제로 재미와 자신감을 느끼게 해주는 것도 좋습니다.

이 밖에도 한자와 수학 등 학습 코너도 있는데요. 물론 이 모든 콘텐츠를 알뜰히 활용한다면야 좋겠지만, 처음에는 기사를 읽고 이야기를 나누는 것과 논술 문제를 풀어볼 것을 권합니다. 단, 문제를 푸는 것은 적어도 초등학교 2학년부터 시작하는 것이 좋을 듯합니다. 아이 중에는 글씨를 쓰는 것 자체를 '공부'로 생각하는 경우가 많기 때문입니다. 자칫 쓰기를 강요하다가 신문 자체에 대한 재미와 흥미를 잃게 되면 안 되므로 글씨를 쓰는 것이 수월한 시기부터 시작해도 늦지 않습니다. 그 이전에는 직접 글을 쓰는 것 대신 말하기를 권합니다. 엄마가 문제를 읽어주고, 답은 아이의 입을 통해 듣는 것이지요. 본래 말과 글은 다르지 않습니다. 아이의 말을 그대로 옮기면 곧 글이 되기 때문이지요. 글씨를 쓰는 것에 집착하거나 스트레스를 주지 말고 말로 표현하게 하는 것만으로도 충분합니다.

신문을 읽고 문제를 풀고 이야기를 나누는 시간은 모두 합쳐 20분이 채 되지 않습니다. 길지 않은 시간이지만 일주일에 다섯 번이 쌓이면 꼬박 한 시간이 되지요. 일주일에 한 번 가는 논술학원 수업료를 생각해본다면, 시도할 만하지 않을까요? 조금 귀찮은 생각이 들더라도 길어야 지금부터 10년이 채 되지 않는 시간이라고 생각하면 한결 덜 수고롭게 느껴지실 겁니다. 지금 10년이 아이가 평생의 살아가는 밑바탕이 된다는 생각으로 시도해 보세요.

어린이 신문의 종류를 알아볼까요?

1. 일간지
어린이를 대상으로 만든 일간지이다. 정치와 경제는 물론 사회와 예술, 그리고 교육까지 종합적인 내용을 어린이의 눈높이에 맞추어 발간하기 때문에 가장 대중적으로 읽히는 신문이다. 신문 구독을 막연히 어렵게 생각할 수 있으나 실제 접하는 아이들은 다양한 내용에 흥미를 갖기 쉽다. 구독료는 대부분 월정 5,000원(1부 250원)이다. 단, 가정배달은 해당 자매지나 성인 일간지를 구독해야만 배달 가능하다.

① 소년조선일보 (kid.chosun.com) : '종합뉴스', '포토뉴스', '역사속의 오늘', '내 친구를 칭찬합니다'로 구성되어 아이들이 보기 쉽게 하였다. '특집 기획'과 '배움터'에서는 인터뷰와 체험을 통해 다양한 직업과 교육의 세계에 대해 알 수 있어 유익하다.

문의 사항 : 1577-8585

② 소년한국일보 (kids.hankooki.com) : '어린이 세계', '정보통신', '환경, 나눔', '인물', '문화' 등으로 구분되어 있으며 생생한 기사를 접할 수 있다. 과학과 영어를 흥미롭게 접할 수 있는 '어린이 과학 형사대 CSI', 'Kid English' 등의 연재물도 인기 있는 코너이다.

문의 사항 : (02)724-2525

③ 어린이동아 (kids.donga.com) : '뉴스 쏙 시사 쏙'과 '월드 뉴스', 'Art와 Museum', 'Science' 코너 등으로 나뉘어 있다. 저학년들도 쉽게 읽을 수 있는 저학년 뉴스와 한자 뉴스를 따로 다루는 것이 특징적이다.

문의 사항 : 1588 - 2020

2. 경제신문

① 어린이경제신문 (www.econoi.co.kr) : 어릴 때부터 경제 교육을 충실히 하고자 하는 가정이라면 단연 어린이 경제신문을 추천한다. 이름처럼 경제 분야에 가장 큰 비중을 둔 신문이다. 아이들에게 어렵고 딱딱하게 느껴지기 쉬운 경제를 알기 쉽고 재미있게 설명하는 것이 가장 큰 장점이다. 경제 외에 과학, CEO 인터뷰, 논술, 만화, 컴퓨터, 책 소개 등 다양한 코너가 마련되어 있다. 일간신문과 다르게 일주일에 한 번 발행되는 주간신문이다. 단, 연간 구독만 가능하며 구독료는 1년에 6만 원, 2년에 11만 원이다. 구독신청은 인터넷 또는 전화접수가 가능하다.

문의 사항 : (02)714 -7942

3. 영어신문

영어신문 구독은 기존 신문의 교육적 효과와 함께 영어 교육을 할 수 있다는 장점이 있다. 특히 영어기사를 통해 영어 실력은 물론 국제적 감각과 독서 습관을 잡을 수 있다는 점이 매력적이다.

① The Kinder Times, The Kids Times, The Teen Times (www.kidstimes.net) : 세 가지 신문 모두 키즈타임즈에서 발행되는 영어신문이다. The Kinder Times와 The Kids Times는 '영어뉴스', '과학뉴스', '인물탐방', '동물뉴스', '문화뉴스' 등을 쉽고 재미있게 구성했다. 궁극적으로 어린이들이 쉽게 접하기 어려운 시사를 습득하며 영어공부도 동시에 할 수 있

다. 영어를 처음 배우기 시작하는 유아, 어린이는 The Kinder Times를, 초등학생은 The Kids Times를 추천한다.

이외 '영어 성경', '영어로 배우는 한자숙어', '팝송영어' 등 유익한 부가서비스를 받을 수 있다. The Teen Times는 고1 상위권 수준의 영어 단어를 사용하여 정치, 경제, 사회, 연예 등 청소년들의 눈높이의 다양한 읽을거리를 제공하여 읽는 재미와 함께 영어 능력 향상에 기여하는 것이 목적인 신문이다. 외국 거주 경험이 있는 초등학생과 영어 면접 혹은 논술준비자 그리고 성인까지 구독층이 다양하다. 세 신문 모두 일주일에 한 번 발행되며 신문구독료는 1년에 18만 원이다.

문의 사항 : (02) 392-3800

출처 | 여성가족부 공식 공익포털사이트 위민넷

도 서 관
2 0 0 % 활 용 하 기

도서관에서 짧고 굵게 놀자

한동안 엄마들 사이에서 화제가 된 아버지가 있습니다. SBS 〈영재발굴단〉에 '도서관 옆을 찾아 17번 이사한 아버지'로 출연한 이상화 씨인데요. 그는 아빠가 된 순간부터 아이의 교육을 위해 무려 300여 권의 육아 서적을 읽으며 공부한 '열성 아빠'입니다. 더 놀라운 것은 새집을 구할 때, '집과 도서관과의 거리'를 가장 중요하게 생각했다는 점입니다. 그 이유는 아이와 함께 매일 도서관을 찾기 위해서라고 하는데요.

보통 이사를 할 때, 주변 교통이나 상가 등이 편리한지부터 따지기 마련인데 말이지요.

이런 아버지의 남다른 교육열 덕분인지 이상화 씨의 큰아들 이재혁 군은 현재 명문 사립고인 하나고등학교에 재학 중입니다. 그는 공부뿐 아니라 27가지 다양한 분야에서 200여 가지의 상을 받았고 특히 영어와 스페인어는 원어민 수준의 실력을 자랑합니다. 주목할 것은 이 모든 성과를 사교육 없이 온전히 혼자의 힘으로 이루었다는 것인데요. 이재혁 군은 그 비결로 '아빠표 교육'을 꼽습니다. 아버지 덕분에 어린 시절부터 도서관을 놀이터 삼아 책을 가까이했고 그 결과 스스로 공부하는 힘을 기를 수 있었다는 것이지요.

근대 교육의 아버지라 불리는 코메니우스부터 아동발달 심리학자인 피아제에 이르기까지 영·유아를 연구한 학자와 교육자들은 교육 과정에서 가장 중요한 것 중 하나로 아이들의 경험과 상호작용을 꼽습니다. 다시 말해 어린 시절 누군가와 함께 놀던 경험과 문제 상황을 극복하기 위해 노력했던 경험 등은 절대 바닥나지 않으며, 오히려 어려운 길목에서 삶을 지탱하는 중요한 바탕이 된다는 뜻입니다. 이재혁 군의 경우, 어린 시절 아버지와 함께 도서관에 간 경험이 현재의 든든한 뿌리가 되어주었다고 볼 수 있겠지요.

혹시 도서관은 시험을 앞둔 학생이나 취업 준비생 들이 가는 곳이라고 생각하시나요? 오늘부터 아이와 함께 도서관을 내 집처럼, 식당처럼, 놀이터처럼 활용해 보세요. 돈을 들이지 않고 마음의 양식을 채울 수 있는 도서관 활용법을 소개합니다.

주말에는 도서관으로

혹시 지난 주말, 무엇을 하며 보내셨나요? 저는 모처럼 날씨가 좋아 아이들과 함께 가까운 곳으로 나들이를 다녀왔습니다. 주말은 일터 또는 학교에서 일상을 보내느라 지친 가족들이 한자리에 모이는 시간이지만 늘 특별한 계획이 있을 수는 없지요. 그럴 때는 주로 어디에서 무엇을 하시나요? 혹시 당장 필요한 물건이 있는 게 아닌데도 이리저리 둘러보다 보면 생기겠지, 하는 마음으로 동네 할인마트나 백화점으로 향하지는 않으시나요?

이럴 땐 마트보다 동네 도서관을 추천합니다. 굳이 차를 타고 이동해야 하는 큰 도서관 말고 집에서 가까운 동네 도서관으로 가보세요. 혹시 집 근처 도서관에 가본 적이 없으시다면 아마 조금 놀라실지도 모르겠습니다. 요즘 도서관은 예전과 비교하면 무척 달라졌거든요. 다양한 책을 보유하고 있을 뿐 아니라 명사 강연, 취미 활동 등 다양한 프로그램들도 마련되어 있습니다.

앞서 언급한 '도서관 찾아 17번 이사한 아버지' 이상화 씨 부자 또한 도서관에서 책만 읽은 것은 아니었다고 하지요. 도서관 앞 공터에서 배드민턴도 치고 지하 매점에서 간식도 사서 먹고요. 이 모든 게 아이가 책과 도서관을 가까이하게 하기 위해서입니다. 아이들과 도서관에 가면 먼저 책들이 빽빽하게 꽂힌 서고 사이를 거닐면서 분위기부터 익힙니다. 어린이·가족 열람실뿐 아니라 어른들이 읽는 책이 보관된 문헌정보실도 찾아봅니다. 부모와 함께 입장할 경우 아이가 크게 떠들거나 돌아다니지만 않으면 큰 제재는 없지만 다른 사람들에게 피해가 가지 않도록 미리 다짐을 받고 들어가는 편이 좋겠지요. 아이와 함께 분류별로 정리된 책들을 살펴보기도 하고 궁금한 책은 꺼내서 한두 장 읽어 보면서 책을 읽고 고르는 즐거움을 느끼게 해줍니다.

한두 권의 책을 고른 뒤 도서관 내에 마련된 책상에 자리를 잡고 본격적으로 독서를 시작합니다. 혹시 아이의 책 읽는 자세나 태도가 마음에 들지 않더라도 잔소리하지 않고 내버려 둡니다. 만일 아이가 지루해하거나 좀이 쑤셔 하면 지하 매점에서 떡볶이나 콜라를 사 먹기도 하고 근처 벤치에 앉아 이야기도 나누면서 도서관에서 노는 시간을 가져보세요. 도서관이 친근해야 책도 자유롭게 읽고 빌려 볼 수 있습니다. 책을 고르는 안목도 기르고요.

도서관의 가장 큰 장점은 책을 빌려 볼 수 있다는 점입니다. 혹시 기대만큼 재미있는 책이 아니더라도 반납하면 그뿐이니 부담도 없지요. 게다가 회원증을 만들면 한 번에 여섯 권까지 빌릴 수 있습니다. 대여 기간은 2주 이내지만 한 번에 한두 권씩 빌려서 하루나 이틀 안에 반납하는 게 좋습니다. 반납 주기가 빠를수록 더 많은 책을 읽을 수 있을뿐더러 좀 더 자주 도서관을 찾을 수 있기 때문이지요. 책을 빌릴 때는 아이가 원하는 책과 엄마가 추천하는 책 각 1권씩 두 권 정도로 하고 최소 이틀 안에 반납하는 것을 목표로 합니다. 책을 반납할 때는 엄마 혼자 가는 게 아니라 아이와 함께 가는 게 좋습니다.

서울 국·공립 도서관에 대한 정보는 http://lib.seoul.go.kr/slibsrch/main 를 참고하세요.

인문 · 고전 열풍, 아이들도 읽어야 할까?

"문송합니다(문과라서 죄송합니다)"라는 말을 아시나요?

　　대학가, 특히 인문계 학생들 사이에서 유행하는 말인데요. 2015년, 정부는 '대학구조조정'이라는 다소 살벌한 이름으로 산업연계교육 활성화 정책을 시행했습니다. 이공계 학과를 지원하자는 취지였지만, 인문 · 사회학과 계열 졸업생들의 취업이 어려워지는 결과를 초래했지요. 이때부터 인문학은 실용성이 없는 '비인기 학문'으로 낙인찍히며 대학들이 다투어 일부 학과들을 폐지 혹은 통합하기 시작했습니다. 학문이 대학에서조차 그 자체로 인정받지 못하고, 대학이 '취업사관학교'의 역할을 자임했다는 비판이 일기도 했지요.

　　그런데 갑자기 얼마 전부터 인문학 열풍이 불기 시작했습니다. 인문학이 상처받은 현대인들의 치유책으로 주목받기 시작한 것입니다. 특히 4차 산업혁명의 핵심 기술인 인공지능에 대한 관심이 높아지며 인간의 학문을 탐구하는 '인문학'이 마치 미래를 여는 열쇠라도 되는 듯 너나 할 것 없이 '인문학' 타이틀을 다는 데 경쟁하는 모습입니다. 인문학과 관련한 수많은 책과 강연들이 줄을 잇고 있는 것만 봐도 알 수 있지요. 비로소 인문학이 뜬구름만 잡는 비실용적 학문이 아니라 꼭 필요한 학문으로 인정받는 시대가 된 듯합니다.

　　인문학이 유행처럼 번지면서 덩달아 '초등학생 인문독서'에 대한 관심도 커지고 있습니다. 인문독서란 뭘까요? 소크라테스와 아리스토텔레스의 이론을 비교하고 데카르트와 칸트의 경험론과 합리론에 대해 학습, 토론하는 것일까요? 물론 그 또한 무척 귀한 공부가 되겠지만 결국 인문독서란, 일반적인 독서 활동을 모두를 포함하는 것이 아닌가 합니다. 다시 말해 책을 읽는 행위 자체가 인문학을 공부하는 것이라는 뜻이지요. 굳이 잘 이해도 되지 않는 내용을 읽도록 강요하기보다는 재미있는 책을 읽고 깨달음과 감동을 얻는 것이 곧 인문독서가 아닐까요?

그러므로 인문학, 고전 등의 분야에 연연할 필요는 없어 보입니다. 다양한 분야의 책을 골고루 읽으면 그게 곧 인문독서와 다름없기 때문이지요. 우리가 음식을 먹을 때마다 탄수화물, 단백질, 지방 등 영양소를 매번 따지지 않더라도, 그저 편식하지 않고 골고루 먹으면 건강에 별문제가 없는 것처럼 말입니다.

단, 고전과 관련해 짚고 넘어갈 것이 있는데요. 바로 고전을 쉽게 펴낸 '어린이용 축약본'이나 '만화'에 대한 얘기입니다. 시중에 고전을 아이들 눈높이에 맞추어 새롭게 출간한 책들이 많은데, 이는 그다지 추천하고 싶지 않습니다.

고전의 축약본이나 만화를 읽으면 원본의 줄거리는 파악할 수 있습니다. 그러나 우리가 고전을 읽는 것은 단순히 그 내용을 알기 위한 것만은 아닙니다. 같은 사건이라 하더라도 원전의 문장과 어휘, 대화 등의 표현은 하늘과 땅 차이가 나지요. 쉽게 풀어쓰느라 어쩔 수 없이 내용의 일부를 왜곡하거나 훼손하기도 하고요.

아이가 고전을 읽기 어려워한다면 읽을 수 있는 수준이 될 때까지 기다리는 것이 더 낫습니다. 재차 강조하지만 가장 좋은 책은 아이의 수준과 흥미에 맞는 것입니다. 굳이 어려운 책을 들고 다니며 스트레스를 받는 것보다는 재미있는 책을 읽으며 책과 친해지는 편이 훨씬 더 좋습니다.

딸에게도 과학책을 선물하자!

얼마 전 평소 친하게 지내는 동생이 기쁜 소식을 알려왔습니다. 동생은 결혼 후 몇 해가 지나도록 아이가 생기지 않아 고민이었는데요. 며칠 전 병원에서 임신 사실을 확인했다는 것입니다. 저는 마치 제 일인 것처럼 기뻐서 "무슨 선물을 해줄까?"부터 물었지요. 동생은 한사코 사양하면서도 혹시 아이 내복이라도 선물로 주고 싶다면 성별 확인이 가능한 17주 이후에 준비해 달라고 부탁했습니다.

동생과 함께 임신과 출산에 대한 이야기를 나누다 보니, 문득 10여 년 전 큰아이를 가졌을 때가 떠올랐습니다. 당시 곧 태어날 아이의 물건을 모두 파란색으로만 준비하는 제게 주변 사람들은 "딸이면 어쩌려고 그러느냐?"라며 걱정을 했었지요. 아들을 원했느냐고요? 아니요, 저는 그저 파란색을 좋아합니다. 딸이라고 해서 꼭 핑크색으로 치장해야 한다는 법은 없으니까요.

두 딸을 키우며 아내로, 엄마로 산 지 11년째, 종종 이런 생각을 합니다. 혹시 나도 모르는 사이에 딸에게는 여자, 아들에게는 남자 고유의 역할을 강요하고 있는 건 아닌가 하고요. 만일 딸아이가 온 집안을 휘저으며 활발하게 뛰어논다면 많은 부모님이 이렇게 말합니다. "도대체 여자애가 왜 저러는지 몰라. 얌전히 다니지 못하고!" 반면 부끄러움을 많이 타는 남자아이에게는 이렇게 말하지요. "너는 남자애가 여자애들처럼 왜 그러는지 모르겠다!"

성별에 따른 구분은 책을 고르는 것에까지 이어집니다.

"우리 아이는 딸이라서 과학책은 안 맞아요."

부모들이 흔히 하는 편견입니다. 여자아이라고 과학책을 좋아하지 말라는 법이 있나요? 만약 과학책에 관심이 없다면 '여자아이'라서가 아니라 그저 아이가 과학에 흥미가 없는 것뿐입니다. 실제로 제 둘째 딸은 말이 트이는 순간, 공주 이름 대신 티라노사우루스, 크로노사우루스 등 공룡 이름을 줄줄 외고 다녔으니까요.

부모의 편견으로 아이들이 한 분야의 책만 읽는 일은 생각보다 많습니다. 비록 엄마는 자연 관찰책 속 풍뎅이와 거미 그림이 징그러울지 몰라도 아이의 눈에는 귀엽고 사랑스러울 수 있습니다. 여자아이들에게도 과학책을 권해주세요. 딸들이 더 넓은 세계를 꿈꾸도록 어릴 때부터 부모의 차별 없는 독서 지도가 필요합니다.

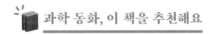

📖 **과학 동화, 이 책을 추천해요**

1 발명가의 비밀

글 수잔 슬레이드 | 그림 제니퍼 블랙 라인하트 (스콜라)

이 책은 발명왕 에디슨과 자동차 왕 포드가 서로 친구라는 설정으로 이야기를 시작한다. 자동차를 개발하고 싶은 포드는 에디슨이 어떻게 뛰어난 발명품을 만드는지 궁금하다. 에디슨은 포드가 내놓은 엔진 설계도를 보며 '발명가의 비밀'을 알려준다. 결국 포드는 여러 노력 끝에 자동차를 만들어 내는데, 과연 '발명가의 비밀'은 무엇일까? 이 책을 읽기 전 에디슨과 포드의 전기를 읽어본다면 책을 읽고 나서 더 많은 이야기를 나눌 수 있다.

2 식물은 어떻게 겨울나기 하나요?

글 한영식 | 그림 남성훈 (다섯수레)

곤충생태교육연구소 한영식 소장이 쓴 이 책은 다양한 식물이 어떻게 추운 겨울을 보내고 따뜻한 봄을 맞아 싹을 틔우는지 알기 쉽게 설명한다. 유아부터 초등학교 1, 2학년 아이들까지 재미있게 읽을 수 있도록 쉽게 쓰였다.

3 지구의 역사가 1년이라면

글 데이비드 J. 스미스 | 그림 스티브 애덤스 (푸른 숲 주니어)

만일 지구가 단 100명의 사람이 사는 마을이라고 가정한다면? 나라, 언어, 식량, 건강, 부자와 가난한 자에 대해 알아보는 책. 지구의 역사, 생물의 종, 인류의 발견 등 다양한 주제를 담아냈다. 아이들이 이해할 수 있는 쉬운 단어와 숫자들로 명쾌한 이해를 돕는다.

4 모두 다르게 보여

글 신광복 | 그림 김지윤 (한솔수북)

이 책은 동물들이 고흐의 방을 바라본다는 설정으로 쓰인 그림책이다. 명암만 겨우 구분하는 달팽이, 모든 물체가 모자이크처럼 보이는 벌 등의 시선으로 아이들은 동물과 사람의 시각차를 알게 되고 동시에 생태계를 이해할 수 있다.

5   미생물을 먹은 돼지

글 | 그림 백명식 (내인생의책)

우리의 흔한 먹거리인 빵, 된장 속 미생물을 통해 미생물의 종류와 하는 일을 재미있게 알 수 있다. 경북대 생명과학부 이재열 교수의 감수로 정확한 정보만을 담았다. 돼지 삼총사가 전하는 과학 시리즈 [돼지학교 과학] 제13권.

6   지구를 상상하다

글 기욤 뒤프라 (미세기)

옛날 사람들은 지구의 모양을 어떻게 생각했을까? 책 속 어린이들은 옛날 과학자와 탐험가 들이 상상한 온갖 모양의 지구를 만난다. 특히 여러 문화의 사람들이 상상한 지구의 모습을 플랩북(책장에 접힌 부분을 펼쳐서 볼 수 있도록 한 책)으로 보여주어 흥미를 더한다. 책을 읽은 뒤 지구본을 통해 실제 지구의 모습을 보여주고 우리나라의 위치와 여행한 곳 등을 찾아보며 이야기를 나누면 좋다. [교실 밖 지식 체험 학교] 시리즈 제2권.

7 바다 쓰레기의 비밀

글 장순근 | 그림 이은미 (리젬)

전 남극 세종기지 월동대장인 장순근 박사가 쓴 이 책은 해양 연구를 위해 바다를 탐험한 실제 경험담에서 가져온 이야기다. 저자는 바다가 우리에게 얼마나 큰 에너지와 자원을 가져다주는지부터 왜 우리가 바다를 보호해야 하는지까지 깨닫게 해준다. [출동! 지구 구조대 시리즈] 제3권.

8 별보다 오래된 우리

글 캐런 폭스 | 그림 낸시 데이비스 (내인생의책)

이 책은 빅뱅이라 불리는 우주의 대폭발과 탄생의 비밀을 그림과 함께 풀어냈다. 특히 아이들의 호기심을 불러일으키며 쉽게 쓰여 과학에 흥미가 없는 아이도 금세 몰입할 수 있다.

9 또르르르 물을 따라가 봐

글 고수산나 | 그림 에스더 (대교출판)

주인공 준이의 이야기를 중심으로 우리 몸의 70%를 이루고 있는 물, 인간의 일상생활에서 몹시 중요한 물에 대해 알아본다. 저학년 아이를 위한 과학책 시리즈 [초록통알 과학그림책] 중 제5권.

10 청라 이모의 오순도순 벼농사 이야기

글 정청라 | 그림 김중석 (토토북)

우리가 매일 먹는 밥과 채소는 어디에서 왔을까? 우리가 먹는 음식들이 자란 땅의 소중함과 농부들의 수고에 대해 고마움을 느끼게 하는 책. 자연이 주는 선물, 벼의 한 살이, 절기마다 일어나는 땅의 변화 등 재미있는 벼농사이야기가 담겨 있다.

11 햇살이와 까망이

글 강양구 | 그림 조윤영 (포에버북스)

이 책은 아이들이 바람과 태양에너지의 중요성을 느낄 수 있도록 구성했다. 햇살이는 태양을, 까망이는 석유를 상징한다. 까망이 때문에 지구가 몸살을 앓자, 햇살이가 지구를 치료한다는 이야기. 올바른 에너지 사용과 환경 보호의 중요성을 배울 수 있다.

12 진화의 비밀과 다윈

글 믹 매닝브리타 그랜스트룀 (비룡소)

다윈의 입을 빌려 직접 듣는 다윈의 모험 이야기. 저학년도 이해하기 쉽게 설명해준다. 특히 적재적소에 활용한 말풍선 덕분에 아직 책과 친해지지 않은 아이들도 흥미롭게 빠져들게 한다. 유· 초등 아이들을 위한 교양 그림책 [지식 다다익선] 시리즈 제25권.

13 개미에게 배우는 협동

글 최재천 | 그림 박상현 (리젬)

잎꾼개미의 버섯농사 이야기를 통해 협동의 중요성을 느끼게 해준다. 사람보다 먼저 농사를 짓기 시작한 잎꾼개미의 놀라운 농사 실력과 조직적인 모습을 쉽고 재밌는 글과 사실적인 세밀화로 표현했다. 개미, 곤충을 좋아하는 아이라면 추천한다.

14 어린이 대학 과학 세트

글 최재천, 이은희, 오세정, 이희주 | 그림 김소희 (창비)

어린이가 묻고 우리 시대를 대표하는 과학자가 명쾌하게 답한다. 초등학교 5, 6학년을 대상으로 직접 설문 조사를 벌여 어린이들이 각 학문에 대해 궁금해하는 점을 질문받고, 해당 학문을 평생 연구한 최재천 박사가 답했다. '순간 이동이나 타임머신이 실제로 가능한가요?', '넓은 우주 어딘가에 외계인이 있을까요?' 등 어린이들이 궁금해하는 질문들로 구성되어 있어 호기심 많은 아이에게 명쾌한 답을 들려준다.

15 인체야, 진실을 말해줘!

글 캐슬린 퀴들린스키 | 그림 데비 틸리 (나는별)

과학의 발달에 따라 인체를 보는 사람들의 생각이 어떻게 변화, 발전되었는지 살펴보며 과학 지식이 만들어지는 과정을 알려준다. 책의 마지막 부분에는 '교과서 따라잡기'와 '인체 연구의 역사'에 대한 정보가 수록되어 있어 프로젝트 과제 등에 요긴하게 쓰인다.

짧지만 긴 감동, 시 읽기

엄마 얼굴

찢어진 눈 찡그린 이마
엄마 얼굴 미운 얼굴

반달 눈 벌어진 입
엄마 얼굴 예쁜 얼굴

숙제를 안 하고 동생과 싸울 때
엄마 얼굴 미운 얼굴

양치를 잘하고 일찍 잠들 때
엄마 얼굴 예쁜 얼굴

미운 얼굴도 예쁜 얼굴도
모두 좋아 엄마 얼굴

위 시는 늘푸른 초등학교 3학년 3반 반장 이솔이 지은 시입니다. 네, 바로 제 큰딸입니다. 이때껏 겸손한 척 내숭을 떨어왔건만, 결국 저도 어쩔 수 없는 (고슴)도치 엄마라는 것이 여실히 드러났네요.

이왕지사 이렇게 된 김에 좀 더 자랑하자면, 큰딸 솔이는 여러모로 참 기특합니다. 어릴 때부터 바쁜 엄마, 아빠 대신 할머니 손에 자라 그런지 눈치가 빠른 편이고요. 심지어 본인 생일 선물을 고를 때에도 가격표부터 보고 스스로가 비싸다 싶으면 슬그머니 내려놓을 정도이니 엄마로서 미안한 생각마저 듭니다.

또한 솔이는 재주도 많은데요. 특히 그림 그리는 것을 무척 좋아합니다. 글자를 깨치기 전에는 저나 남편에게 하고 싶은 이야기가 있으면 그림으로 편지를 써서 침대 밑에 놓아두거나 장롱문에 붙여놓곤 했지요. 글자를 익히고부터는 시를 지어 마음을 전하곤 하는데요. '엄마 얼굴'이라는 시는 저에게 꾸중을 들었던 어느 날 제게 슬그머니 전해준 작품입니다.

아이가 시를 쓰기 시작한 건 동시를 읽고부터입니다. 어느 날 우연히 또래가 쓴 동시가 어린이 신문에 실린 것을 보더니 자극을 받았는지 문득 작시를 시작했습니다. 동생, 친구, 날씨, 햄스터까지 주변의 다양한 소재를 가지고 틈만 나면 시를 지었지요.

시는 다른 글에 비해 길이가 짧고 노래처럼 리듬감이 있어 아이들이 읽기에 수월합니다. 그래서 저학년 아이들의 읽기 연습용으로도 그만이지요.

아이들에게 처음 시를 권해 줄 때는 일단 쉬운 동시로 시작하는 것이 좋습니다. 특히 또래 아이들이 쓴 자작시는 아이들에게 좋은 자극이 됩니다.

공모전에 당선된 시나 어린이 신문에 실린 동시를 묶어 출간한 책이면 적절합니다. 동시 읽기가 어느 정도 익숙해졌다면 그 후에는 어른들이 읽는 시도 소개할 수 있겠지요. 다만 슬픔이나 아픔 등 어두운 소재를 다루거나 너무 철학적이고 추상적인 내용보다는 기쁨과 사랑, 희망 등 밝은 분위기의 시를 고르는 편이 좋습니다.

📖 동시집, 이 책을 추천해요

1 울 애기 예쁘지 / 장영복 (푸른사상)

2 기러기는 차갑다 / 안도현 (문학동네)

3 별을 사랑하는 아이들아 / 글 윤동주 그림 신형건 (푸른책들)

4 참동무 깨동시 / 박덕규, 김용희 (청개구리)

5 아가똥 별똥 / 김용희 (청개구리)

6 병아리 반장 / 박예자 (청개구리)

7 엄마는 내 맘도 모르면서 / 글 박예자 그림 김선미 (청개구리)

8 여섯 번째 손가락 / 조소정 (청개구리)

9 초록 토끼를 만났다 / 글 송찬호 그림 안경미 (문학동네)

10 달에서 온 아이 엄동수 / 김륭 (문학동네)

11 어쩌려고 저러지 / 글 김용택 그림 구자선 (문학동네)

12 엄마의 토끼 / 글 성미정 그림 배재경 (난다)

미래를 보는 눈, 역사 이야기

"국가의 역사는 민족의 소장성쇠(消長盛衰)의 상태를 가려서 기록한 것이다. 민족을 버리면 역사가 없을 것이며, 역사를 버리면 민족의 그 국가에 대한 관념이 크지 않을 것이니, 역사가의 책임이 그 또한 무거운 것이다." 독립운동가 단재 신채호 선생의 말입니다. 또한 《역사란 무엇인가》의 저자 에드워드 카는 "역사는 시대와 상황의 산물이며, 역사적 사실을 그 시대와 상황에 비춰 평가하고 판단해 재구성된 의미 있는 사실이다"라는 말로 역사의 중요성을 강조했지요.

요즘 역사에 대한 관심이 뜨겁습니다. 특히 왜곡, 편향 논란으로 문제가 됐던 국정 역사교과서가 얼마 전 폐기되기도 했지요. 이처럼 역사 교육이 큰 논란이 되는 것은 아이들에게 올바른 역사관을 심어주는 일이 무척 중요하기 때문입니다.

초등학교에서 역사 공부는 5학년부터 시작합니다. 그래서 부모님들은 아이가 초등 3학년쯤 되면 본격적으로 '역사 교육'에 공을 들이지요. 고가의 역사 전집을 들이는가 하면 역사 탐방 등 다양한 체험 프로그램에도 관심을 쏟습니다. 이때 부모들이 흔히 하는 실수 중 하나는 '선사시대'부터 시작해 시대순으로 읽도록 한다는 점인데요. 물론 역사는 시대의 흐름을 파악하는 것도 중요하므로 이 또한 나쁘지 않습니다. 다만 저학년 아이들의 경우 '선사시대 – 삼국시대 – 조선시대'로 이어지는 역사책에 재미를 느끼기 힘들다는 것이 문제입니다.

그렇다면 역사책 읽기는 어떻게 시작해야 할까요? 가급적 시대순보다는 사건과 인물 중심의 책을 추천합니다. 인물의 업적, 가치관 등을 다룬 위인전을 읽는 것도 역사를 공부하는 좋은 방법입니다. 첨성대를 만든 신라의 선덕여왕, 고구려의 전성기를 이끈 광개토대왕, 한글을 만든 세종대왕, 독립운동을 이끈 안중근 의사의 전기를 통해 아이들은 삼국시대와 조선시대, 독립의 역사를 배웁니다. 위인전을 통해 당시의 시대적 배경을 이해한 뒤 시대별로 정리된 역사책을 읽는다면 내용을 더욱 쉽게 이해할 수 있습니다.

역사 동화를 읽는 것도 좋은 방법입니다. 역사 동화는 시대적 상황과 사건, 인물을 토대로 작가의 상상력을 더해 만든 이야기입니다. 이 책 역시 본격적으로 역사를 배우기 전에 읽으면 도움이 됩니다. 아이들에게 '역사'란 어려운 것이 아니라 옛날에 실제 있었던 이야기라는 인식을 심어주기 위해서는 처음 시작이 중요합니다. 아이가 지루하고 어렵다고 느끼게 되면 다시 읽지 않으려 할 가능성이 높기 때문에 되도록 아이의 수준에 맞는 책을 골라주어야 한다는 점, 다시 한 번 기억하시기 바랍니다. 또 한 가지 중요한 사실은 우리 아이들이 역사를 배우는 것이 단지 국사 시험을 대비하기 위한 것만은 아니라는 점입니다. 우리나라가 과거 어떤 사건들을 통해 현재에 이르렀는지, 더 나은 미래를 위해서는 어떻게 해야 하는지 등 아이들에게 올바른 역사관을 심어주는 일이 역사책을 읽는 궁극적 목표가 되어야 할 것입니다.

흔히 '아이들이 미래다'라고 하지요. 우리 아이들이 바른 생각과 건강한 사고로 자라야 우리 미래도 밝습니다. 모쪼록 아이들이 단편적인 역사 지식을 암기하는 것이 아니라 탄탄한 역사관을 가질 수 있도록 역사책 읽기에 부모들이 더 많은 관심과 노력을 기울여야 하지 않을까 합니다.

 역사 동화, 이 책을 추천해요

1   나라 꽃, 무궁화를 찾아서

글 김숙분 | 그림 박수민 (가문비어린이)

주인공 치국이가 무궁화에 대한 숙제를 하기 위해 열차를 타고 가던 중 한 할머니를 만나 함께 여행을 하며 벌어지는 이야기를 담고 있다. 무궁화가 우리나라를 상징하는 꽃이 된 연유와 애국심에 대한 이야기가 따뜻한 그림과 함께 펼쳐진다.

2 매호의 옷감

글 김해원 | 그림 김진이 (창비)

고구려 신화부터 생활상, 교역까지 고구려 전체를 조망한 책. 특히 아이들의 흥미를 끌 만한 고구려 사람들의 옷차림이나 행동을 꼼꼼히 재연했다. 고구려 역사 전문가 전호태 교수의 감수로 정확한 사실만을 실었다는 점도 특징이다. 저학년부터 고학년까지 두루 읽기에 무리가 없다. [고구려 이야기 그림책] 시리즈.

3 문이 들려주는 이야기 한국사

글 청동말굽 | 그림 문정희 (조선북스)

유독 문화재에 대한 수난사가 많았던 우리나라. 그럼에도 불구하고 오천년 역사를 묵묵히 지켜온 우리나라의 門(문). 문들이 들려주는 생생한 한국사 이야기를 담았다. 특히 현장감 넘치는 사진과 그림으로 역사를 알아가는 참맛을 느끼게 해준다. 저학년뿐 아니라 고학년들까지 두루 읽어도 좋을 책. [저학년 한국사 첫발] 시리즈 제2권.

4 울지 마, 꽃들아

글 최병관 (보림)

6.25라는 아픈 역사가 있는 우리나라. 비무장지대 DMZ를 통해 알아보는 우리 역사의 이야기. 이 책은 비무장지대 안에 그대로 남아 있는 끊어진 철길, 녹슨 철도 등 전쟁의 흔적들을 다큐멘터리 형식으로 보여

준다. 우리나라 국민이라면 반드시 알아야 할 아픈 역사 이야기를 아이들의 눈높이에 맞추어 서술했다.

5 남극에서 온 편지

글 한정기 (비룡소)

남극 세종기지 설립 20주년을 기념해 창작된 이 책은 한정기 작가가 남극 연구 체험단으로 남극 세종기지에 직접 다녀온 체험을 바탕으로 쓰였다. 과학자로서 세종기지에 간 삼촌이 조카 솔이와 별이에게 보내는 편지 형식으로 구성되어 쉽게 읽힌다. 특히 세종기지 주변의 동·식물, 대원들의 일과표 등 부록이 뒷부분에 실려 있어 보다 생생한 남극 세종기지의 일상을 느낄 수 있다.

6 중세 유럽

글 존 헤이우드 (개구쟁이미르)

12~13세기 중세 유럽의 신비까지 다양한 이야깃거리를 구성한다. 성, 십자군 전쟁과 봉건제, 기사도, 수도원 등 그림과 함께 재미있는 이야기를 풍성하게 구성해 아이들의 흥미를 돋는다. 특히 중세 사람들의 옷, 음식, 머리 등 일상과 관련한 내용이 함께 어우러져 지루할 틈 없이 읽을 수 있다. [콩닥콩닥 고대사 시간여행] 시리즈 제3권.

7 독도는 외롭지 않아

글 이정은 | 그림 이유정 (키즈엠)

이 책은 유아나 저학년 아이들이 독도를 쉽게 알 수 있도록 간결하고
쉬운 문체로 구성했다. 독도가 1인칭 화자로 등장하여 자신의 이야기
를 들려주는 형식으로, 아이들이 더욱 친근하게 독도를 느낄 수 있다.

8 왕자가 태어나던 날 궁궐 사람들은 무얼 했을까?

글 김경화 | 그림 구세진 (살림어린이)

궁궐을 통해 우리 문화유산의 아름다움과 자부심을 느끼게 해주는 책.
왕자가 태어나는 날 궁궐을 방문한다는 설정으로 궁궐 곳곳의 장소와
궁궐 속 인물들의 지위, 역할 등을 자연스럽게 알려준다. 이 책을 읽고
경복궁, 창덕궁 등을 찾는다면 아이들이 느끼는 감동은 배가 될 것이
다. 궁궐 나들이 전 필독서.

9 신기전

글 남석기 | 그림 이량덕 (미래아이)

조선 초기 우리나라 과학 기술의 발전은 놀라운 수준. 그중 신기전은
최첨단 재료인 화학을 이용한 무기였다. 이 책은 고려시대 최무선을 시
작으로 최해산, 장영실, 이순지 등 조선시대 과학자들의 활약과 우리
역사를 동시에 배울 수 있다. 이 책을 읽었다면 행주산성으로 역사 탐
방을 떠나보는 것을 추천한다. [인문 그림책] 제13권.

10 숭례문

글 이규희 | 그림 윤상설 (처음주니어)

2008년 대한민국 600년의 역사가 불타 무너진 사건 이후로 우리 문화재를 지키는 일에 대한 관심과 경각심이 높아졌다. 2012년 다시 태어난 숭례문을 통해 우리 역사를 돌아본다.

11 나의 소원

글 현상선 | 그림 송아지 (비움과 채움)

이 책은 다른 김구 선생의 전기와는 달리 김구 선생의 어린 시절 이야기에 초점을 맞추었다. 업적이나 성과보다 중요한 건 가치관, 마음가짐이라는 교훈을 주는 책.

12 역사가 살아 있는 남산 이야기

글 최준식 | 그림 고정순 (마루벌)

서울 한가운데 있는 산, 남산. 가본 적은 있지만 그 산에 담긴 이야기는 잘 모르는 아이들에게 우리 역사에 대해 알려주는 책. 장충단부터 백범 김구 광장까지, 조선시대 대보름이면 북새통을 이루었던 수표교, 애국가 속 '남산 위에 저 소나무'에 얽힌 사연 등 남산의 이모저모를 담았다. [자랑스러운 우리 문화] 제6권.

13 아름다운 위인전

글 고진숙 (한겨레신문사)

김만덕, 이지함, 이헌길, 이승휴, 을파소 등 기존의 위인전에서 쉽게 볼 수 없었던 인물들의 이야기를 새로운 관점으로 조명한다. 이 책에 담긴 위인들의 특징은 큰 업적보다 '나눔'을 실천한 인물이라는 점이다. 모두가 잘사는 삶을 꿈꾸는 조상들의 이야기를 통해 당시 어려웠던 우리 역사를 되짚어보고 미래의 꿈을 세울 수 있다.

14 수원화성

글 김준혁 | 그림 양은정 (주니어 김영사)

체험 학습 가기 전에 읽어보면 좋은 책으로 실학자 정약용이 최신식으로 설계한 우리나라 성곽의 꽃 '수원화성'을 쉽고 재미있게 소개한다. 저학년의 경우, 책의 내용을 이해하기 어렵다면 일부만 소개하고 직접 현장을 찾은 뒤 다시 읽어보게 하면 이해도를 높일 수 있다. [신나는 교과 연계 체험 학습]시리즈 제3권.

Q & A

Q   만화책만 읽는 아이 어떻게 하죠?

A   아이가 만화책만 본다며 고민을 토로하는 부모님들이 상당히 많습니다. 만화에 빠지는 것은 저학년일수록 더 심하지요. 글을 읽는 것이 익숙지 않기 때문에 만화로 된 책이 아이들의 구미를 끄는 것은 어찌 보면 당연한 일입니다. 친구들이 많이 읽기 때문에 동참하고 싶은 심리도 있을 테고요. 이런 관점에서 본다면 크게 걱정할 일은 아니라고 생각합니다. 이 시기에는 또래 문화에 적응하며 사회성을 키우는 것도 공부 못지않게 중요하기 때문이지요. 게다가 요즘 교육적인 내용을 담은 학습만화도 많기 때문에 이를 통해 얻는 지식의 힘도 무시할 수 없습니다.

만화 편독에 대한 의견은 전문가들 사이에서도 분분합니다. 한 교육전문가는 "일본어에 능한 중·고생들 대부분은 일본 만화나 게임을 통한 것"이라며 만화로 얻는 정보도 크기 때문에 만화책에 대한 부담을 가질 필요가 없다고 말합니다.

그러나 만화책은 독서 효과를 얻기엔 부족합니다. 우리는 책을 통해 정보와 지식을 얻는 것 이외에도 논리적 사고와 풍부한 어휘, 문장력 등을 배울 수 있지요. 그러나 만화책으로는 앞선 효과들을 기대하기 어렵습니다. 일단 만화책은 일반 책과 구성부터 큰 차이가 있습니다.

'나는 검푸른 바다를 뛰어오르는 고래의 커다란 등과 지느러미를 보고 소스라치게 놀라 경악을 금치 못했다'라는 책 속 문장을 예로 들어보겠습니다. 아이는 이 문장을 통해 넓고 깊고 푸른 바다 위를 뛰어오르는 고래의 모습을 상상할 것입니다. 고래의 머리 꼭대기의 분수공에서 물이 뿜어져 나오는 모습, 주변의 파도 너울의 크기 등을 그려볼 수 있고요. 고래 옆을 지나는 커다란 배 한 척을 떠올릴 수도 있습니다. 또한 '소스라치게 놀라다', '경악을 금치 못하다'라는 어휘와 표현도 익힐 수 있겠지요.

이번에는 이 문장을 만화책 버전으로 바꾸어 보겠습니다. 먼저 물 위를 뛰어오르는 큰 고래 그림이 등장합니다. 고래 그림 위에는 "찰싹", "쏴아" 등의 말풍선이 달리겠지요. 다음 칸에는 고래를 보고 놀라는 사람이 그려지고 그 위에는 "앗!", "헉!" 등의 감탄사가 적히겠지요. 이처럼 글은 다양한 상상의 세계를 선물합니다. 읽는 이에 따라 각기 다른 그림을 그려볼 수 있는 데 반해 만화는 상상의 폭이 한정적이지요. 또한 만화는 같은 내용도 극적이고 흥미 위주로 전달하므로 내용을 축소·과장하거나 사실을 왜곡할 수도 있다는 단점도 있습니다.

정리하면 만화책은 정보와 지식을 재미있게 전달한다는 것 이외에 책을 통해 얻을 수 있는 효과를 기대하기 어렵습니다. 오히려 자극적이고 흥미 위주의 책에 길든 아이들은 긴 호흡의 문장을 읽기 어려워하는 부작용이 생길 수 있습니다. 그러므로 만화는 책으로 분류하기보다는 여가, 휴식, 게임의 하나로 생각하는 것이 더 적당할 듯합니다. 다시 말해, 독서에 만화책을 끼워 넣지 않고 아예 따로 분리하는 것이지요. 만화책을 읽거나 게임을 하거나 텔레비전을 보는 시간을 한 데 묶어 시간을 제한하고 점차 양을 줄여가도록 지도하는 것이 좋습니다.

만화만 보는 아이들을 위해서는 'K-W-L plus'독서법을 제안합니다. 독서를 하기 전에 읽을 내용에 대해 어떤 부분을 알고 있는지 먼저 파악하고 글을 다 읽은 뒤 새롭게 알게 된 부분을 정리하는 방법인데요. 긴 글을 읽는 데 어려움을 겪거나, 자연·과학 분야의 책을 어려워하는 아이들에게 적용하면 좋습니다.

K(Knowledg) | 먼저 읽을 내용에 대해 이미 알고 있는 것을 종이에 적도록 합니다. 예를 들어 고양이에 대한 책을 읽는다고 하면 어떤 내용을 채울 수 있을까요. '고양이는 귀엽다', '고양이는 높은 곳에서 뛰어내릴 수 있다' 등이 되겠지요.

W(Wondering) | 다음은 알고 싶은 내용에 대해 적는 순서입니다. '고양이는 개를 싫어할까?', '고양이는 생선을 좋아할까?'

L(Learning) | 이제는 주제와 관련해 배운 내용을 정리합니다. '고양이는 호랑이과에 속한다', '고양이는 야행성이다', '고양이는 육식성이다' 등으로 정리할 수 있습니다.

세 가지를 도표로 만들어 각각 정리해 한눈에 볼 수 있도록 합니다. 스스로 만든 도표를 통해 책을 읽기 전에 가졌던 궁금증이 얼마나 해소되었는지, 앞으로 더 알고자 하는 내용은 무엇인지 파악할 수 있겠지요. 이를 통해 독서의 효과를 몸소 느끼고 더 다양한 책을 읽기 위한 동기를 유발합니다.

K(아는 것)	w(알고 싶은 것)	L (알게 된 것)
◦ 고양이는 귀엽다 ◦ 고양이는 높은 곳에서 뛰어내릴 수 있다	◦ 고양이는 밤에도 잘 보일까? ◦ 고양이는 생선을 좋아할까?	◦ 고양이는 야행성이므로 밤에도 잘 보인다 ◦ 고양이는 육식성 동물로, 쥐나 작은 조류 등을 잡아먹는다

Q 다독이 먼저일까요, 정독이 먼저일까요?

A "우리 아이는 책을 좋아해서 많이 읽기는 하는데, 내용을 제대로 이해하고 있는지 모르겠어요. 가끔 어떤 내용이었는지 물어보면 바르게 대답을 못해요."

지난 9월부터 제작·진행하고 있는 네이버 오디오클립 〈말하기로읽기쓰기〉에 오는 고민 사연 중 제법 많은 비중을 차지하는 내용입니다. 이런 글을 만날 때면 우선 '아이가 책을 좋아하니 정말 다행이다'라는 생각부터 듭니다. 어떤 이유로든 아이가 책을 읽는 시간이 많다는 건 좋은 신호니까요.

혹시 아이가 책을 제대로 읽는 것 같지 않다는 의심이 들 때는 책을 읽은 뒤 부모와 함께 '북 토크'를 해 보세요. 이를 위해 부모 역시 책의 내용을 파악하고 있어야겠지요. 이때 아이에게 책의 줄거리를 줄줄 읊게 하기보다는 특정 장면에서 어떤 느낌이었는지, 주인공의 선택을 어떻게 생각하는지 등 짧은 답으로도 이해 여부를 판단할 수 있을 만한 질문을 던지는 것이 좋습니다.

이때 주의할 점은 만일 아이가 책의 내용을 제대로 이해하고 있다고 하더라도 말로 표현하는 것이 서투를 수 있다는 점입니다. 그러므로 아이가 답을 할 때에는 최대한 집중해서 들으셔야 합니다. 제가 종종 하는 실수인데요. 아이에게 말을 건넨 뒤 정작 답을 제대로 듣지 않고 책을 대충 읽었다고 넘겨짚는 것입니다. 애써 좋은 질문을 던졌는데, 정작 답을 제대로 듣지 못하면 아무 소용이 없겠지요. 좋은 인터뷰어의 자세 첫 번째는 '상대의 말을 잘 듣는 것'입니다. 답하는 이가 질문의 내용을 제대로 파악했는지 엉뚱한 말을 하고 있지는 않은지 잘 들어야 뒤이어 할 질문도 정할 수 있기 때문이지요. 그리고 보면 아이와 함께하는 일은 교육이든 놀이든 간에 '집중'이 가장 중요한 키워드입니다.

만일 아이가 책을 제대로 읽지 않는다면 해결 방법을 찾아야겠지요. 먼저 아이와 함께 책을 읽는 방법이 있습니다. 이때는 엄마가 소리를 내어 책을 읽어주셔야 합니다. 아이는 책의 글자를 눈으로 따라 읽으며 엄마의 낭독을 귀로 듣습니다. 책의 전체를 엄마가 읽어주기에는 부담스러울 수 있으니 두 장씩, 혹은 한 단원씩 서로 읽어줍니다. 책을 읽는 중간에 간단한 질문을 통해 글을 잘 이해하고 있는지 체크해 보면 더 좋겠지요. 이때 주의할 점은 엄마의 태도입니다. 아이에게 시험 문제의 정답을 구하듯 다그치며 묻지 않고 마치 친구와 책 내용을 수다 떨듯, 친근한 태도를 유지하는 것이 좋습니다.

고학년이라면 조금 다른 방법을 제안합니다. 책을 읽고 난 뒤, 그 내용에 대해 독서 퀴즈를 내기로 미리 약속을 합니다. 독서 퀴즈의 정답 개수에 따라 소소한 선물이나 게임 등 보상을 거는 것도 좋겠지요. 이를 대비하고 책을 읽는다면 조금 더 주의 깊게 책을 읽는 것은 물론 문제를 미리 생각해 보는 비판적 독서까지 할 수 있습니다.

Q   완독이 힘든 아이 어떻게 지도할까요?

A   "우리 아이는 책 한 권을 읽으려면 삼박사일은 기본이에요. 그리 길지 않은 책인데도요. 하루 한두 시간은 책을 읽는 것 같은데 도무지 진도가 안 나가니 참 답답할 노릇이에요."

부모의 입장에서 아이가 책을 정독하지 않고 대강 읽는 것도 문제이지만 한 권을 너무 오랜 시간 동안 읽는 것도 걱정스럽습니다. 우리 아이가 무슨 문제가 있는 것이 아닐까 하고요. 실제로 학습 장애 중에는 읽기 장애를 겪는 아이들이 있습니다. 단순히 또래보다 읽는 속도가 약간 느린 정도라면 크게 걱정할 것이 없지만 일상에 불편을 겪을 정도라면 치료가 필요합니다. 읽기 장애는 주로 초등학교 1~2학년에 평가하게 되는데 주로 책을 읽을 때 단어를 빼먹거나(누락), 덧붙이거나(첨가), 다르게 읽는(왜곡) 경우가 이에 해당됩니다. 읽기 장애가 있는 아이들의 경우 초등학교 3학년 때까지 치료가 이루어지지 않으면 읽기 불능 상태로 남기 때문에 가능한 한 조기에 치료하는 것이 좋다고 합니다. 특히 이런 경우 제때 교정하지 않으면 스스로 수치심과 우울함이 생기기 때문에 또래 집단 관계에서도 문제를 나타낼 수 있어 문제를 조기에 발견하고 치료하는 게 중요합니다. 읽기 장애를 고치는 방법으로는 음운 단위를 숙달하도록 한 뒤에 단위를 넓혀가는 것이 방법이 효과적인데요. 글의 양이 많지 않은 책을 선택해 부모가 함께 읽으면서 점점 범위를 넓혀가는 것이지요.

학습 장애를 가진 아이가 아니더라도 한 권의 책을 필요 이상 오랜 시간 읽는다면 혹시 아이의 수준에 맞지 않는 책을 골랐기 때문은 아닌지 살펴봅니다. 성인들도 어려운 책을 읽을 때는 좀처럼 진도가 나가지 않지요. 저 또한 마찬가지입니다. 매주 방송 때문에 반드시 한두 권의 책을 읽어야 하는데, 취향에 맞지 않는 책이 선정되는 주에는 완독까지 걸리는 시간이 배는 걸립니다. 저는 그럴 때는 일단 전체를 훑어 읽고 대강의 내용을 파악합니다. 이후 가장 중요하다고 생각되는 부분을 다시 읽고 부족한 부분을 다시 챙겨 읽는 식으로 마무리하지요. 실제로 독서 지도의 이론 중에 책을 반복해서 읽는 방법을 강조한 이론이 있습니다. 'SQ3R'인데요. 아이의 독서 지도에 참고하시기 바랍니다.

S(Survey) - 훑어보기 | 글을 읽기 전에 전체적인 내용을 훑어보고 추측하는 단계입니다. 주로 책의 목차나 서문 등을 읽어 책의 대략적인 내용을 파악합니다.

Q(Question) - 질문하기 | 글을 읽으며 내용에 대해 스스로 질문하는 과정입니다. 내용 중 혹시 모르는 부분이 있는지 살피고 표시를 하며 앞서 추측한 내용에 대해 의문을 던집니다.

R(Read) - 읽기 | 전체적인 내용을 이해하려고 노력하면서 글을 읽습니다. 글자뿐 아니라 사진 자료 등을 보면서 꼼꼼하게 읽는 과정인데요. 앞서 추측하고 질문했던 내용에 대한 답을 찾으려고 노력하는 과정입니다.

R(Recite) - 암기하기, 되새기기 | 앞서 읽었던 내용을 머릿속에 떠올리는 과정입니다. 만일 명확하지 않은 부분이 있다면 다시 책을 펴고 확인합니다.

R(Review) - 다시보기 | 읽은 내용을 다시 보는 단계입니다. 질문에 답하는 과정을 반복하면서 기억을 강화합니다. 책 속 등장인물이나 사건 등에 대한 종합적 상호 관계에 대해 생각해 보는 과정입니다.

Q 　　전자책 읽혀도 괜찮을까요?

A 　　요즘 지하철이나 버스 등 대중교통을 이용할 때면 많은 사람이 스마트폰에 집중하는 모습을 볼 수 있습니다. 스마트폰이 없었을 때는 도대체 어찌 살았나 싶을 정도로 스마트 기기는 생활필수품이 된 지 오래입니다.

전자 기기로 책을 보는 이들도 늘어나는 추세입니다. 문화체육관광부가 발표한 '2015 국민 독서실태 조사' 에 따르면 전체 조사 대상 중 전자책을 한 번이라도 읽어본 사람은 10.2%를 차지했습니다. 전자책을 읽어본 이들 중 가장 높은 비율을 차지한 연령대는 19세~29세이었고요. 종이 책 선호 분야는 '시, 일반 소설 등 문학도서'의 비율이, 전자책은 '추리, 로맨스, 무협, 공상과학 등 장르 소설' 의 비율이 가장 높았습니다. 이는 장르 소설이 일반 문학보다 조금 더 쉽고 편하게 읽을 수 있기 때문이 아닌가 하는데요. 일부 과학자들은 사람들이 전자책을 읽을 때가 종이책을 읽을 때보다 덜 집중하는 경향이 있기 때문이라고 설명하기도 합니다.

실제로 우리가 스마트폰으로 읽는 글들은 포털의 기사나 이메일 등 대부분 '훑어 읽기'가 가능한 것들입니다. 꼼꼼히 읽어야 하는 문서의 경우에는 종이로 출력해 펜이나 형광펜으로 줄을 치거나 메모하면서 읽기 마련이지요. 그러나 이 또한 종이책에 익숙한 세대에게만 해당 되는 얘기일 수도 있습니다. 요즘 대학생들은 무거운 전공 서적 대신 태블릿PC의 디지털 문서를 이용하는 추세라고 하니 말이지요.

초등 교과서도 점차 디지털화되고 있습니다. 2015 교육 과정에 따르면 2018년도부터 디지털 교과서가 정식 도입될 예정입니다. 예산 등의 문제가 남아 있어 실제 도입 시기는 미정이나, 전자 교과서가 등장할 날이 머지않은 것은 분명합니다.

결국 전자책이냐, 종이책이냐는 무엇이 좋다, 나쁘다고 판단하기에 아직 성급함이 있습니다. 어릴 때부터 종이 책을 접하며 자란 기성세대와 처음부터 전자책에 익숙한 세대가 공존하는 시대에서, 어떤 것이 더 나을지 예측을 하는 것 자체가 쉽지 않기 때문입니다.

그러나 아이들에게 책 읽는 습관을 들이기 위해서는 전자책보다 종이책을 이용하는 게 좋지 않을까 합니다. 종이책은 전자책으로는 절대 경험할 수 없는 감각적 즐거움이 있기 때문입니다. 책마다 각기 다른 종이의 질감과 무게, 감촉, 필체 등을 보고 느끼는 것은 책을 읽는 또 다른 즐거움이기 때문이지요.

또 디지털 기기에 너무 일찍 노출되었을 경우, 가져오는 의학적 부작용들은 이미 몇 가지 밝혀진 바 있습니다. 미국 소아과학회에서는 만 3세 이하의 영유아에게 스마트폰 노출 시간을 엄격히 제한하도록 권하고 있습니다. 아이들이 스마트폰에 장시간 노출될 경우, 뇌가 현실에 무감각하거나 무기력해지는 '팝콘브레인 현상'을 겪을 수 있기 때문입니다. 또한 디지털 기기를 장시간 오래 보다 보면 수정체의 근육이 피로해지면서 일시적으로 근육이 움직이지 않는 '가성근시' 상태가 될 수 있기 때문에 아이들의 눈 건강을 위해서라도 장시간 전자 기기를 사용하는 것은 좋지 않습니다. 그러므로 부모님들은 전자책으로 읽을 책과 아닌 책을 구분하는 판단이 분명해지기 이전까지는 가급적 종이책으로 읽을 수 있도록 유도해 줄 것을 권합니다.

당신은 결코
독서보다 더 좋은 방법을
찾을 수 없을 것이다.

워런 버핏 Warren Buffett

소리 내어 읽기, 낭독은 청각을 통해 뇌를 활성화시킵니다. 대부분의 아이는 도서관이나 학교 등에서 눈으로 책을 읽는 것이 습관이 된 탓에 혼자서도 묵독으로 책을 읽는데요. 만 12살이 되기 이전의 뇌는 '읽기와 쓰기'보다 '말하기와 듣기'가 더 발달하는 시기이기 때문에 책을 읽을 때 묵독보다 낭독, 소리를 내어 읽는 것이 좋습니다. 부모가 책을 읽어주는 것도 좋고요. 아이가 읽는 책을 전부 읽어주기 어렵다면 적어도 하루에 한 권 이상은 읽어주실 것을 권합니다. 그리고 엄마가 책을 읽을 때 아이가 귀를 기울이듯 엄마도 아이가 책을 읽는 동안 곁에서 함께 들어주어야 합니다. 아이는 엄마가 자신의 낭독에 귀 기울이고 있으면, 중간에 멈추고 싶은 생각이 들더라도 책임감을 느끼고 끝까지 집중할 수 있습니다. 길게 읽는 것이 익숙지 않다면 짧은 글부터 시작해 보세요. 동시부터 시작하는 것이 가장 좋습니다. 짧은 글을 낭독하는 것에 익숙해진 다음부터는 그림책으로, 점차 책의 한 단락씩 읽기의 양을 늘려 간다면 낭독에 대한 부담을 줄일 수 있습니다.

CHAPTER 04

읽기로
'말하기'
실력
키우기

읽	기	만	큼		중	요	한							
독	서		전		말	하	기							

제목으로 내용 연상하기

여러분은 책을 읽을 때 무엇부터 보시나요? 아마 표지와 제목에 눈길이 가시겠지요. 그런 의미에서 제목은 책의 첫인상과 같습니다. 책을 출간할 때 저자뿐 아니라 출판사에서도 제목 짓기에 많은 공을 들이는 건 바로 이런 이유 때문입니다.

책을 고를 때 제목이 중요한 기준이 되는 것은 아이들도 마찬가집니다. 특히 아이들 책은 제목과 표지만으로도 대강의 줄거리를 짐작할 수 있습니다.

저는 딸들과 새로운 책을 읽을 때면 종종 '제목 게임'을 하는데요. 줄거리를 알기 전에 제목과 표지만을 가지고 내용을 상상하여 이야기하는 것입니다. 제목에는 보통 등장인물의 이름이나 주제가 드러나기 때문에 내용을 보지 않고도 다양한 이야기를 꾸며낼 수 있습니다. 만일 아이가 상상한 내용과 책의 실제 이야기가 다르더라도 전혀 관계없습니다. 오히려 내용 차이가 클수록 더욱 재미있지요. 책의 내용을 상상하고 그것을 말로 표현하는 것을 통해 말하기 교육 효과도 얻을 수 있으니 일거양득입니다. 책 읽기 전, 한번 시도해 보세요.

제목 게임 순서

1. 표지 보고 느낌 말하기

표지 그림을 보고 느낌을 자유롭게 말해 봅니다. 전래 동화《해님 달님》을 예로 들어볼까요? 책 표지에는 소년, 소녀가 두 손을 가지런히 모으고 하늘을 향해 소원을 빌고 있습니다. 아이들의 뒤편에는 호랑이가 무서운 표정으로 입맛을 다시고 있고요. 아이들에게 표지를 보고 드는 느낌을 말해 보도록 합니다. '남자아이가 귀엽다', '호랑이가 무섭다', '두 아이는 친구 사이일 것이다', '호랑이가 아이들을 잡아먹으려는 것 같다' 등 다양한 생각을 이야기합니다. 물론 정답은 없습니다. 부모는 책의 내용을 이미 알고 있더라도 의견을 내지 않고 아이들의 이야기에 귀를 기울여주세요.

2. 제목을 보고 상상하기

이번에는 제목을 보고 글의 내용을 상상할 차례입니다. 이때 부모는 아이가 말하는 중간에 끼어들어 내용을 고쳐주거나 반문하기보다는 아이가 자유롭게 말할 수 있도록 유도합니다. 책의 내용과 전혀 다른 새로운 이야기더라도 말이지요. 아래는 실제로 큰딸이 6살 때 책의 내용을 알기 전 제목을 보고 상상한 《해님 달님》의 내용입니다.

"해님과 달님은 남자아이와 여자아이의 이름이에요. 해님이는 달님이를 좋아하는데 달님이는 해님이를 좋아하지 않았어요. 그래서 해님이는 하느님께 달님이도 자기를 좋아하게 해달라고 기도했어요. 그런데 갑자기 호랑이가 나타나 달님이를 잡아먹으려고 했어요. 그러자 해님이는 달님이를 구하기 위해서 호랑이에게 달님이 대신 나를 잡아먹으라고 했어요. 그때야 달님이는 해님이가 자기를 얼마나 좋아하는지 깨닫고 하느님께 둘 다 살 수 있게 해달라고 기도했어요. 결국 하느님온 두 아이의 기도를 듣고 호랑이에게 벌을 주었어요. 나쁜 호랑이는 이빨이 모두 빠져버리는 벌을 받았어요. 그래서 호랑이는 그때부터 사람을 잡아먹고 싶어도 먹을 수 없게 되었어요."

엄마와 함께 읽는 즐거움

독서 강연에서 만난 어머님들께 "아이의 책을 엄마도 함께 읽으시라"라고 말씀드리면 어쩐지 선득한 표정부터 지으십니다. 하기야 식구들 건사하고 가사

돌보는 일도 힘에 부치는데, 아이 책까지 읽으란 말이 반가울 리 없겠지요. 그럴 때마다 저는 이렇게 강조합니다.

"엄마표 영어, 엄마표 수학보다 엄마표 독서 교육이 열 배는 쉽습니다!"

저 또한 초등학생과 유치원생, 두 아이를 키우는 엄마이다 보니 아이들 공부를 봐주는 게 쉽지 않다는 것을 충분히 공감합니다. 아이의 실력과 교과의 난도가 높아질수록 직접 가르치는 일도 녹록지 않고요. 자녀를 좀 더 잘 가르치기 위해 학원에 다니며 공부한다는 이웃 엄마의 이야기가 그저 남 얘기 같지만은 않은 이유입니다.

그러나 영어와 수학 등에 비교하면 독서 교육은 어렵지 않습니다. 아이와 나란히 앉아 함께 책을 읽는 것만으로도 이미 목표의 절반은 이룬 셈이니까요. 함께 책을 읽는 데 그치지 않고 내용에 대해 이야기까지 나눈다면 말하기 교육까지 되는 셈이니 얼마나 좋은가요.

만일 아이에게 "책 좀 읽어라"라고 말하고 싶을 때는 "우리 책 읽을까?"라고 바꾸어 말해 보세요. 책 읽으라는 잔소리를 들을 때보다 훨씬 더 아이들의 마음을 움직일 거라고 확신합니다. 이 또래 아이들은 놀이든 공부든, 무엇이든지 엄마와 함께하고 싶어 하는 법이니까요. 혹시 귀찮은 생각이 들 때는 '아이와 이렇게 얼굴을 맞대고 앉아 책을 읽어줄 날도 얼마 남지 않았다'라고 생각해 보세요. 아이가 조금만 더 자라면 엄마의 도움을 귀찮게 느끼는 날이 올 테니 말입니다.

아이와 책을 읽으면 좋은 점 중 하나는 함께 나눌 대화거리가 풍부해진다는 것입니다. 학교에서 있었던 일, 친구 이야기 등 일상 대화도 좋지만 책 속 세상에 대해 이야기를 나누면 대화의 폭이 넓어집니다. 매일 부모와 다양한 주제로 대화하고 토론하는 것이 생활화된 아이들은 학교나 사회에서 자신의 의견을 말하는 것에 훨씬 능숙하고 자연스러울 수밖에 없지요. 아이가 읽는 책을 전부 읽을 수는 없지만 일주일에 한두 번 아이 책을 함께 읽고 그에 대해 이야기를 나누어보세요. 아이 혼자 읽었을 때보다 두 배 이상 높은 독서 효과를 보장합니다.

아이가 직접 책을 추천하는 기쁨

제가 사는 성남시에서는 매년 '어린이 경제벼룩시장'을 엽니다. 아이들이 가지고 놀던 장난감부터 옷가지며 신발, 책 등 중고 물품들을 모아 시청 앞 광장 펼쳐놓고 사고파는 행사인데요. 올해는 저희 가족도 참여했습니다. 아이들은 작아져서 못 입게 된 옷이며 신발, 인형, 책 등을 펼쳐놓고는 크레파스로 알록달록 꾸민 가격표도 붙였습니다. 처음에는 나서기 쑥스러워하던 아이들도 점차 손님이 늘고 지폐가 쌓이자 어느새 적극적으로 돌변해 판매에 열을 올리더군요.

　　큰딸 솔이는 특히 책을 소개할 때 유난히 긴 설명을 덧붙이며 성의를 보였습니다. 어릴 적부터 닳도록 읽은 책들이니 줄거리부터 그림까지 줄줄 꿰고 있어 자신감이 넘쳤지요. 심지어 책을 뒤적이며 관심을 보이는 한 엄마에게 자녀의 나이를 묻더니 다섯 살 아이에게 이 책은 어렵다면서 다른 책을 권하기까지 하더군요. 물건을 사러 온 엄마는 아이의 설명을 한참 듣더니 아이의 성의에 감복해 여러 권을 샀습니다. 아이의 어깨가 으쓱해진 건 당연한 일이었지요.

그때부터 아이는 책만 읽었다 하면 제게로 달려와 줄거리를 읊어줍니다. 제가 다른 일로 바빠 보이면 아빠에게, 그마저도 안 되겠으면 동생에게로 갑니다. 동생은 언니가 하는 말이 잘 이해되지 않아도 제법 귀를 기울입니다. 언니 말을 잘 들어주어야 함께 놀아준다는 걸 알기 때문이지요.

얼마 전부터는 동생이 읽을 책을 골라주는 것도 큰아이의 몫이 되었습니다. 본인이 재미있게 읽은 책이나 동생이 좋아할 만한 내용을 골라 추천하고 때론 직접 읽어주고요. 도서관에 가면 자기가 읽을 책과 함께 동생 몫도 골라옵니다. 동생은 아직 스스로 읽을 책을 고르는 데 서툴기 때문에 본인의 도움이 필요하다면서 "너는 언니가 있어서 좋겠다"라는 자아도취성 발언도 잊지 않지요.

프랑스 심리치료사 마르조리 물리뇌프는 자존감은 자신의 가치에 대한 평가와 자신이 해야 할 일에 대한 확신, 해낼 수 있다는 자신감을 바탕으로 향상된다고 말했습니다. 아이에게 직접 책을 고르고 추천할 기회를 주고 그에 대해 칭찬과 반응을 해주는 것만으로도 성취감과 책임감을 키워 줄 수 있습니다.

두	뇌	를		자	극	하	는						

'	소	리		내	어		읽	기	'				

소리 내어 읽기의 놀라운 효과

얼마 전 결혼 십 주년을 맞아 묵혀둔 사진첩을 정리했습니다. 결혼식부터 큰아이 돌 사진, 둘째 백일 사진 등 가족의 역사가 담긴 사진들을 보고 있자니 절로 웃음이 나오더군요. 특히 큰아이를 임신했을 때 사진이 인상적이었는데요. 벌써 10여 년 전의 일이지만 입덧, 태동 등 낯설고 버거웠던 기억이 생생합니다. 당시 나이 서른. 한창 일하고 공부하느라 시간이 어찌 가는지 몰랐을 때였지요. 출산하기 딱 한 달 전까지 낮에는 직장에서, 밤에는 대학원 강의실에서 숨가쁜 일정을 보냈습니다. 그토록 기쁜 첫 임신, 첫 아이였건만 태교의

'태'자도 신경 쓸 틈 없이 분주하기만 했지요.

하지만 단 한 가지, 매일 밤 잠들기 전 그림책 읽기는 단 하루도 빼먹지 않고 철저히 지키곤 했는데요. 마치 뱃속의 아이가 바로 곁에 잠들어 있기라도 한 것처럼 밤마다 소리 내어 열심히 읽었습니다. 돌이켜보면 임신 내내 무리한 일정 가운데서도 솔이처럼 건강하고 어엿한 아이가 태어난 건 그 덕분이 아닌가 싶기도 합니다.

그런데 과연 뱃속 아이는 엄마가 매일 밤, 그림책 읽어주는 소리를 듣고 있었던 것일까요? 결론부터 말하자면, 뱃속 태아도 엄마 목소리를 들을 수 있습니다. 태아는 17주부터 청각이 발달하기 시작해 20주 무렵에는 자주 듣는 목소리에 반응할 정도로 익숙한 목소리에 특별함을 느낍니다. 27주부터는 사람의 목소리와 다른 소리를 구별하기 때문에 싸우는 소리나 큰 소음에는 스트레스를 받기도 한다고요. 흥미로운 사실은 태아의 청각이 단순히 '듣는 것'에만 그치는 것이 아니라 '뇌 발달'에도 영향을 미친다는 사실입니다. 정상 청력인 태아와 그렇지 못한 태아의 뇌 발달이 최대 80%까지 차이가 날 수 있다고 하니 무척 놀랍지요.

청력과 뇌 발달의 연관성을 증명한 연구는 이 외에도 무척 다양한데요. 굳이 연구 결과를 끌어다 붙이지 않더라도 우리는 소리 내어 읽기의 효과를 이미 잘 알고 있습니다. 일례로 'book'이라는 영어 단어를 외운다고 가정해 볼까요. 종이에 'book'이라는 글자만 쓰는 것과 '북' 하고 입으로 소리 내어 쓸 때, 어느 쪽이 더 오래 기억에 남을까요? 입으로 소리 내어 읽으며 글자를 쓸 때 더 빨리 외울 수 있겠지요. 이처럼 낭독은 청각을 통해 뇌를 활성화

시킵니다. 대부분의 아이는 도서관이나 학교 등에서 눈으로 책을 읽는 것이 습관이 된 탓에 혼자서도 묵독으로 책을 읽는데요. 다른 사람에게 방해가 되지 않는 곳에서는 되도록 소리 내어 읽는 것이 좋습니다.

초등학생 때까지 부모가 읽어주세요

소리 내어 읽기는 아이 혼자 읽을 때뿐 아니라 부모가 읽어줄 때도 해당합니다. 이는 태아나 신생아처럼 글자를 읽을 수 없는 아이들에게만 적용되는 것은 아닌데요. 한글을 자유롭게 읽고 쓰는 초등학생이라고 해도 부모가 책을 읽어주는 시간은 꼭 필요합니다. 아이를 초등학교에 보낸 부모님 중에는 "더 이상 아이에게 책을 읽어주지 않는다"라는 분들이 계십니다. 아이 혼자 한글을 읽고 쓸 줄 아는데 굳이 엄마가 읽어줄 필요가 없다고 생각하는 것이지요. 하지만 아이가 만 12세가 될 때까지는 부모가 읽어주는 편이 더 좋습니다. 그 이유를 설명하려면 먼저 인간의 뇌 발달 단계를 이해할 필요가 있습니다.

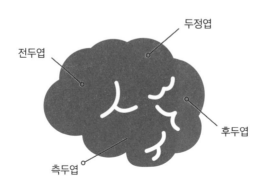

170

우리의 뇌는 전두엽과 두정엽, 측두엽과 후두엽으로 이루어집니다. 전두엽은 몸을 움직이고 말을 하는 기능부터 계획을 수립하고 실행하는 기능과 논리 비판적 사고를 하는 기능을 담당합니다. 우리가 ADHD라고 부르는 주의력결핍장애의 경우, 전두엽의 기능이 원활하지 못하기 때문에 발생하는 현상입니다. 측두엽은 기억과 지식을 저장하고 언어를 이해하는 기능을 합니다. 두정엽은 계산 능력과 시·공간을 파악하는 역할을 맡고요. 즉, 두정엽은 수학적 능력을 담당한다고 볼 수 있겠지요. 후두엽은 시각 정보에 대한 감지, 색인지, 변별, 형태, 움직임을 포함해 시각과 관련한 모든 것을 담당합니다.

연령별 두뇌 발달

1 0~3세 | 다양한 자극을 골고루 주어야 할 시기, 전두엽과 두정엽, 후두엽 등 뇌의 기본적인 구조들이 형성되고 신경세포들이 집중적으로 연결되는 시기

2 4~6세 | 예절 교육과 인성 교육이 필요한 시기, 종합적 사고를 담당하는 전두엽이 주로 발달하는 시기

3 7~12세(초등학생) | 언어와 청각에 관련한 기능들과 논리적이고 입체적인 사고가 발달하는 시기, 두정엽과 측두엽이 발달하는 시기

4 12세 이후(중학생) | 체계적이고 종합적인 학습을 하는 시기, 뇌의 뒷부분인 후두엽이 발달하는 시기

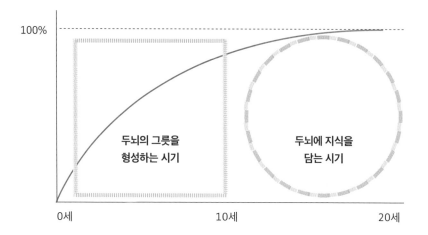

두뇌의 그릇을
형성하는 시기

두뇌에 지식을
담는 시기

0세   10세   20세

뇌는 영아기 때 모든 부위가 고르게 발달하다가 아이가 유치원에 다니는 유아기부터 전두엽이 빠르게 발달합니다. 여기서 우리가 관심 있게 보아야 할 시기는 바로 아이가 초등학교에 다니는 시기인 6~12세인데요. 이 시기에는 측두엽과 두정엽이 주로 발달하는데, 측두엽은 언어와 청각의 기능, 두정엽은 수학적 사고를 담당합니다.

즉, 만 12살이 되기 이전의 뇌는 '읽기와 쓰기'보다 '말하기와 듣기'가 더 발달한다는 뜻입니다. 우리 아이들이 왜 그렇게 책 읽기를 좋아하지 않았는지, 독서록과 일기를 쓰는 것을 꺼렸는지 이해가 되지요?

따라서 만 12살 이전의 아이들은 책을 읽을 때 묵독보다 낭독, 소리를 내어 읽는 것이 좋습니다. 부모가 책을 읽어주는 것도 좋고요. 아이가 한글을 안다고 하더라도 부모가 소리 내어 읽어주어야 하는 까닭은 여기에 있습니다. 아이가 읽는 책을 전부 읽어주기 어렵다면 적어도 하루에 한 권 이상은 읽어주실 것을 권합니다. 당연히 처음부터 이를 지키기란 쉽지 않습니다. 하지만 매일 반복하다 보면 일종의 습관처럼 굳어져 읽지 않는 날이 더 어색하게 느껴지는 날이 옵니다. 물론 그렇게 되기 위해서는 일정 시간 꾸준히 반복하는 연습이 필요하겠지요. 노력 없이 얻을 수 있는 성과는 없습니다. 다이어트, 금주, 금연 모두 꾸준한 훈련 끝에 이룰 수 있지요. 다만 독서 교육은 나 자신이 아니라 우리 아이를 위한 것이라는 점에서 차이가 있습니다. 독서 교육은 결국 아이와 부모가 함께 노력해야 한다는 것을 꼭 기억하시기 바랍니다.

글맛을 느끼게 하는 낭독법

그렇다면 책은 어떻게 읽어주어야 할까요?

'책을 읽는 데 방법이 따로 있나, 그냥 책 내용 그대로 읊으면 되지'라고 생각하실지 모르겠습니다. 하지만 책을 읽어줄 때도 아이의 연령과 성향, 책 분야에 따라 더욱 효과적인 낭독법이 있습니다.

먼저 6세 이하의 아이들의 경우, 책을 읽어주는 시간이 중요한데요. 한 번에 10~20분 사이를 넘지 않도록 합니다. 이 시기의 아이들은 집중할 수 있는 시간이 길지 않으므로 오랜 시간 책을 읽어주다 보면 아이의 주의가 흐트러질 수 있습니다. 다만 이는 한 번에 읽는 시간일 뿐 하루에 여러 차례 읽는 것은 아무런 상관이 없습니다.

그림책을 읽어줄 때는 가급적 천천히 읽도록 합니다. 그림책은 글뿐 아니라 그림도 무척 중요합니다. 그림책의 그림과 동화책의 삽화는 조금 다

룹니다. 물론 동화책의 삽화 역시 글의 이해를 돕는 데 무척 중요한 부분입니다. 그러나 그림책의 그림은 일반 책의 삽화보다 더 높은 비중을 차지합니다. 그림책은 글을 읽지 않아도, 그림 그 자체만으로 감동할 수 있는 책이기 때문입니다. 그러므로 그림책을 읽어줄 때는 아이가 글의 내용과 함께 그림도 충분히 즐길 수 있도록 여유를 두고 읽도록 합니다. 엄마의 글 읽는 속도에 아이가 따라가는 것이 아니라, 아이가 책을 읽는 속도에 엄마가 맞추는 것이지요. 그러므로 이때에는 책을 읽으며 아이의 반응을 살피는 요령도 필요합니다.

부모님 중 아이들에게 보다 실감 나게 책을 읽어주고 싶은 욕심에 지나치게 대사에 힘을 주어 연기하듯 하는 경우가 있는데요. 이는 부모나 아이 서로에게 그다지 좋은 방법이 아닙니다. 매번 이렇게 책을 읽다 보면 쉽게 지치므로 긴 시간 읽어주는 데 부담이 될 수 있고요. 아이 역시 높낮이가 큰 음성보다 차분하고 일정한 톤이 더 듣기 편하고 내용에 따라 스스로 상상하는 재미도 누릴 수 있습니다. 만일 극적인 효과나 강조가 필요한 곳에서는 목소리의 톤을 높이기보다 잠시 멈추거나 속도를 늦추는 것으로 긴장 효과를 내는 것이 좋은 방법입니다.

 어른과 아이 모두를 위한 그림책

1 장수탕 선녀님

글 그림 백희나 (책 읽는 곰)

대중목욕탕에서 벌어지는 상상 속 이야기. 주인공 덕지는 때를 미는 고통의 시간을 이겨내면 주어지는 요구르트를 기대하며 엄마와 함께 장수탕을 찾는다. 그곳에서 우연히 만난 선녀님과 재미있는 시간을 보내는데…. 현실감 있는 점토 인형과 사진 작업으로 만들어진 장수탕은 실제로 존재하는 목욕탕이다. 아이와 함께 상상의 나래를 펼치기에 좋은 책,

2   사자와 작은새

글 그림 마리안느 뒤비크 (고래뱃속)

사자는 길 잃은 작은 새를 자기 집으로 데려가 사계절을 함께 보낸다. 계절마다 아름답고 따뜻한 그림들이 인상적이다. 이 책에서 가장 아름다운 부분은 여백이다. 어른들에게는 많은 생각을, 아이들에게는 궁금증을 유발하기 때문이다. 겨울이 지나 새는 따뜻한 나라로 떠나고 사자는 외로움을 이겨내며 묵묵히 일상을 살아간다. 어느 날 문득 사자의 등 뒤에서 작은 새의 휘파람 소리가 들려오는데…. 아기자기한 그림과 따스한 글이 아이들의 정서를 어루만진다.

3   안녕, 나마스테!

글 그림 유태은 (이야기꽃)

이 책을 펼치면 온 세계 어린이들을 모두 만날 수 있다. 아이들이 좋아하는 동물과 비교해 다양한 요가 동작을 소개하는데 어른들도 따라 하다 보면 어느새 땀이 흐른다. 아이와 함께 책을 읽으면서 건강도 지킬수 있는 책.

4   도서관 할아버지

글 최지혜 | 그림 엄정원 (고래가숨쉬는도서관)

에스콰이어 창업자였던 고 이인표 회장의 도서관 사업에 대한 일화를 당시 선임 사서로 근무했던 최지혜 작가가 쓴 그림책이다. 엄정원 작가의 흑백 드로잉 그림을 콜라주로 작업한 이 그림책은 어른이 읽어도 감동할 수 있다. 사업가 이인표 회장이 도서관 설립에 관심을 기울인 이유는 무엇일까? 아이들에게 돈보다 중요한 가치를 일깨워 주고 싶다면 이 책을 함께 읽어보길 추천한다.

5   엄마가 낮잠을 잘 때

글 이순원 | 그림 문지나 (북극곰)

"엄마 좀 내버려 둬!" 하고 크게 외치고 싶을 때, 자녀와 함께 이 책을 읽어보면 어떨까? 정신이 번쩍 들 만큼 선명한 색감을 자랑하는 그림책이다. 엄마가 낮잠을 자고 싶을 때 문 앞에 놓아두면 좋은 책.

6   7년 동안의 잠

글 박완서 | 그림 김세현 (어린이작가정신)

7년 동안 잠든 매미를 두고 개미들은 고민한다. 매미를 먹자! 매미를 살려주자! 매미는 노래나 부르고 게으르다! 매미의 노래 덕분에 행복했다! 현실적 문제에 골몰하는 현대인에게 과연 인간으로서 진정 추구해야 할 가치는 무엇인지, 고 박완서 작가는 이 책을 통해 말하고 싶었던 게 아닐까.

7 나의 를리외르 아저씨

글 그림 이세 히데코 (청어람 미디어)

음악을 사랑하는 작가 이세 히데코. 마치 글과 그림에서도 음악이 들리는 듯하다. 책을 사랑하는 아이 소피와 책을 고치는 할아버지 를리외르와의 운명적인 만남을 그린 이야기. 책의 마지막 장, 커다란 나무 앞에 서 있는 소피의 모습은 가슴을 뛰게 한다. 이 책은 실제 프랑스에 를리외르(예술 제본가)를 모델로 썼었다. 이 책을 감수한 백순덕 씨는 프랑스 정부가 공인한 한국 최초의 를리외르다. 흔히 볼 수 없는 직업에 대한 이해와 책의 소중함, 위대함을 동시에 느낄 기회를 준다.

8 민들레가 들려주는 가족이야기

글 박준일 | 그림 장유진 (맑은샘)

홀트한사랑회 입양동화 공모전 당선작. 실제로 입양아 동생을 둔 박준일 군이 쓴 그림책. 가족에 대한 사랑과 편견 없는 사회에 대한 진지한 울림을 준다. 해외로 입양된 아이들에게 한국의 입양 이야기를 알려주고 싶다는 생각으로 영어판을 함께 실었다.

9 우리는 학교에 가요

글 그림 황동진 (낮은산)

아프리카, 콜롬비아, 캄보디아, 네팔 등 개발도상국 아이들이 학교에 가는 길을 그린 책이다. 실제 아이들이 학교가는 길을 찍은 사진을 보고

작업한 그림 콜라주가 실려 사실적이다. 쉽게 가볼 수 없는 나라의 자연

환경과 문화적 특징까지 들여다볼 수 있어 어린이들에게 안성맞춤이다.

10 옛 그림 읽어 주는 아빠

장세현 (학고재)

동양화는 어렵다? 지루하다? 아이들이 흔히 가질 수 있는 편견들을 단

번에 깨주는 책. 단순히 그림을 소개하는 방식에서 벗어나 그림에 담긴

역사적 배경과 숨은 이야기들을 속속들이 소개해 새롭다. 반드시 부모

와 함께 읽어볼 것을 권한다.

※　**아트앤(대표 고우리)** 아트앤은 그림책을 소재로 음악, 발레 등의 공연을 기획, 연
　　출하는 공연 기획사. 현재 국회도서관을 비롯한 공공 및 지역 도서관 등에서 '책을
　　여는 음악회'를 정기 공연하고 있다.

낭독에도 계획이 필요하다

"학교에 다니는 아이에게 책을 읽어주어야 한다니!" 어쩐지 성가시다는 생각

부터 드시지요. 격하게 공감합니다. 저 역시 그랬으니까요. 이럴 때는 아이에

게 책을 읽어준다기 보다는, 나도 아이 덕분에 책 한 권 읽는다고 생각해 보

세요. 실제로 동화책 중에는 어른들이 읽기에도 제법 괜찮은 것들이 많습니

다. 실제로 최근 책 판매 동향을 보면 성인들을 위한 동화나 그림책의 인기가 무척 높습니다. 트리나 폴러스의 《꽃들에게 희망을》, 에바 알머슨 그림 · 고희영 작가의 책 《엄마는 해녀입니다》 등은 어른이 읽어도 충분히 감동할 수 있는 동화책입니다.

만일 길이가 긴 책의 경우, 한 번에 한 권 전체를 읽어주는 게 부담스럽다면 미리 양을 정하고 시작합니다. 50쪽 분량의 책이라면 "20쪽 까지는 엄마가 읽고 나머지는 네가 읽어주는 거야" 하고 미리 약속하는 것이지요. 여기서 주의할 점은 부모가 맡은 분량을 낭독한 뒤, "자, 이제 나머지는 너 혼자 읽도록 해" 하고 자리를 뜨면 안 된다는 것입니다. 엄마가 책을 읽을 때 아이가 귀를 기울였듯이 엄마도 아이가 책을 마저 다 읽을 때까지 곁에서 함께 들어주어야 합니다. 아이는 엄마가 자신의 낭독에 귀 기울이고 있으면, 중간에 멈추고 싶은 생각이 들더라도 책임감을 느끼고 끝까지 집중할 수 있습니다.

동화책을 읽다 보면 아이들이 이해하기 다소 어려운 어휘들이 등장하기도 하는데요. 이때는 이해하기 쉽게 개작을 해서 읽는 것도 방법입니다. 개작이란 문장을 구어체로 바꾸어 읽는 것을 말하는데요. 여섯 살 둘째는 이따금 열 살짜리 언니가 읽는 책을 따라 읽고 싶어 합니다. 이럴 때 "너는 아직 어려서 못 읽는 책이야"라는 말 대신, 여섯 살이 알아듣기 쉽도록 문장을 고쳐 읽어줍니다. 긴 문장은 짧게 나누고, 어려운 단어는 쉽게 바꾸어 읽는 식이지요. 단, 이럴 때는 같은 책을 최소한 세 번 이상 읽어주는데요. 만일 책을 개작해서 들려주었다면 두세 번 반복할수록 원문을 살려 그대로 읽어줍니다. 그러면 책에서 모르는 어휘가 등장하더라도 아이는 이미 내용을 알고 있기 때문에 그 뜻을 짐작해 이해할 수 있습니다.

형제의 나이 차가 클 경우, 어느 쪽에 맞추어 읽어주는 편이 좋을지 고민하는 분들이 계십니다. 그럴 때는 형보다는 동생의 기준에 맞추는 것이 더 바람직합니다. 어려운 것보다 쉬운 편이 덜 지루하기 때문이지요. 그러나 만일 아이들이 평소 책을 많이, 자주 읽는다면 큰아이 기준에 맞추는 것도 좋습니다. 저는 심지어 이따금 아이들에게 어른들이 읽는 에세이나 시집을 읽어 줍니다. 얼마 전에는 아이들에게 세월호 생존 학생들의 아픔을 담은 책인 《다시 봄이 올 거예요》를 들려주었는데요. 두 딸은 생존자들의 아픔에 깊이 공감한 나머지 한동안 슬픔에 잠겨 눈물을 흘리기도 했습니다.

《하루 15분, 책 읽어주기의 힘》의 저자 짐 트렐리즈는 "요람에서 10대까지 아이에게 책을 읽어주어라"라고 말합니다. 그는 유년기 아버지가 매일 책을 읽어주던 행복한 기억을 따라 두 자녀에게도 열심히 책을 읽어주었다고 하지요. 책 읽기는 '가족을 하나로 이어주는 놀라운 힘'이 있습니다. 내 아이를 위해, 가족을 위해, 나를 위해 오늘부터 '아이들에게 하루 한 권씩 책 읽어주기'를 시작해 보시기 바랍니다.

짧은 글부터 시작하세요

저는 낭독을 참 좋아합니다. 어린 시절 공(빈) 테이프에 제 목소리를 녹음하며 노는 게 가장 즐거운 놀이 중 하나였을 정도로요. 어쩌다 보니 아나운서라는 직업으로 매일 뉴스 기사를 낭독하고 있지만 지금도 글을 읽을 때는 주로 묵독을 하는 편입니다. 묵독은 소리 내지 않고 읽는 방법을 말하는데요. 대부분의 사람이 글을 읽을 때, 낭독보다는 묵독을 이용하지요. 지하철이나 도서관, 카페 등 사람들이 많은 장소에서 크게 소리 내어 읽을 수는 없기 때문입니다.

그러나 아이들의 경우는 좀 다릅니다. 아이들은 가급적 묵독보다 낭독하는 편이 훨씬 더 큰 효과가 있기 때문입니다. 《우리아이 낭독혁명》을 쓴 고영성 작가는 제가 진행한 맘스라디오 〈우아한 부킹〉과의 인터뷰에서 '낭독은 위대한 씨앗'이라는 말로 소리 내어 읽기의 중요성을 강조했습니다.

이 밖에도 낭독을 강조하는 이들은 많습니다. 일본 도호쿠대학교의 가와시마 류타 교수는 뇌의 혈류량을 측정하는 연구에서 '사람이 하는 다양한 활동 중 낭독을 할 때 가장 뇌가 활발히 움직인다'라고 밝혔습니다. 정여울 작가 겸 문학 평론가는 그의 책 《소리내어 읽는 즐거움》에서 소리 내어 읽다 보면 글의 내용에 더 집중할 수 있고, 그를 통해 문학의 향기를 삶 속으로 끌어들일 수 있다고 말했습니다.

길게 읽는 것이 익숙지 않다면 짧은 글부터 시작해 보세요. 동시부터 시작하는 것이 가장 좋습니다. 유명 시인의 작품뿐 아니라 어린이 신문에 실린 또래의 작품이나 직접 지은 자작시 등 다양한 시를 낭독하도록 합니다. 짧은 글을 낭독하는 것에 익숙해진 다음부터는 그림책으로 점차 책의 한 단락씩 읽기의 양을 늘려 간다면 낭독에 대한 부담을 줄일 수 있습니다.

질문과 대화의 힘

큰딸 솔이는 질문 대장입니다. 한자나 어려운 어휘부터 뉴스 속 생소한 이름이나 명칭들까지 궁금하다 싶으면 한 번을 허투루 넘기는 법이 없습니다. 하루에도 열댓 번씩 던지는 질문들에 답하고 있자면 솔직히 귀찮을 때도 있지만 가급적 아이의 질문에는 가능한 곧바로, 성실히 대답해주기 위해 노력하고 있지요.

어휘력을 늘리는 데에는 역시 독서만 한 게 없습니다. 책 속 낯선 어휘들은 굳이 따로 찾아보지 않아도 앞뒤 문맥과 상황에 따라 이해할 수 있습니다. 다시 한 번 강조하지만 읽기, 쓰기, 말하기는 공부가 되어서는 안 됩니다. 재미가 있어야 스스로 오래 할 수 있고, 꾸준히 해야 실력도 눈에 띄게 늡니다.

얼마 전 학부모들을 위한 독서와 말하기 강연에서 있었던 일입니다. 강연을 마무리하며 청중을 향해 질문을 던졌습니다. "혹시 아이들의 독서 교육에 대해 고민이 있으신 분, 계시면 손을 들고 질문해주세요." 과연 몇 명이나 손을 드셨을까요? 네, 짐작하신 대로 손을 들고 질문한 분은 단 한 분도 없었습니다. 분명 아이들의 독서 교육에 대해 공부하고자 애써 시간을 내어 오신 것일 텐데 말이지요. 그러나 강연이 끝난 뒤 개인적으로 질문하는 분들은 무척 많습니다. 공개적인 자리에서 말하기가 얼마나 어려운지 드러나는 대목이지요.

우리는 평소 지나치게 주변을 의식합니다. '이렇게 많은 사람 가운데 손을 들고 질문하면 다른 사람들이 나를 이상하게 여기지 않을까?', '모두 나만 쳐다볼 텐데, 부끄러워서 어쩌지?'

이는 우리가 지금까지 질문하는 환경에서 자라지 않았기 때문이 아닌가 합니다. 학교에서 수업을 받을 때에도 선생님께 질문하고 친구들과 토론하기보다는 강의를 듣고 필기하는 데 급급한, 이른바 '일방향적 수업 방식'에 더 익숙하지요. 혹시 궁금한 게 있다고 하더라도 손을 들고 질문할라치면 이른바 '튀는 아이'로 '찍히는' 문화 속에 살아왔기 때문입니다.

그러나 요즘은 시대가 달라졌습니다. 이른바 소통이 가장 중요한 키워드가 되었지요. 당연히 '질문'은 필수 요소이고요. 궁금한 내용은 묻고 자신의 생각은 당당히 밝히는 게 옳습니다. 하지만 이런 태도는 어느 날 갑자기 생기는 게 아닙니다. 어릴 때부터 자유롭게 묻고 의견을 말할 수 있는 환경에서 충분히 연습해야만 가능한 것이지요. 자녀의 질문이 귀찮게 느껴지더라도 성심성의껏 답해 주세요. 질문하는 아이가 성공할 수 있습니다.

읽기로 발표력 기르기

"솔아, 흥부는 가난하고 놀부는 부자였잖아. 흥부는 왜 가난했을까?"

"그거야 아버지에게 물려받은 재산을 놀부가 다 뺏어갔으니까 그렇지요."

"그야 그렇지만, 만일 흥부가 열심히 일했다면 돈을 벌 수 있지 않았을까?"

"맞아요. 흥부도, 흥부 부인도 일하지 않았잖아요. 부모님께 재산을 빌지 못했다고 계속 가난하게 사는 건 좀 잘못된 것 같아."

"네가 흥부라면 어떻게 했을 것 같니?"

"나라면, 남의 집에서 농사일을 돕거나 박씨를 얻어다가 박을 심어서 바가지를 만들었을 것 같아요. 바가지를 팔면 돈을 벌 수 있잖아요!"

"오, 정말 좋은 생각인데! 하지만 제비가 박씨를 물어다 주기를 기다리면 힘들이지 않고도 부자가 될 수 있을 텐데?"

"하지만 스스로 일해서 돈을 버는 게 더 멋진 일이라고 생각해요."

질문의 힘은 큽니다. 철학자 프랜시스 베이컨은 '질문을 시작했다면 이미 그 문제의 해답을 반은 얻은 것과 같다'라고 했을 정도입니다. 어떤 현상에 대해 호기심을 가지고 '왜?'라는 물음을 갖는 것은 무척 중요하지요. 이 세상의 대부분의 발명품은 '왜?'라는 질문을 통해 탄생했을 정도로 질문은 창조의 원천입니다.

요즘 학부모들에게 큰 관심을 받는 유대인들의 '하브루타 교육법' 역시 '질문하기'에 기반을 두고 있습니다. 둘씩 짝을 지어서 하나의 주제에 대해 서로 질문하고 답하며 정답을 찾아가는 이 교육법은 창의적 인재를 만드는 데 효과적인 방법으로 각광받고 있지요.

토론에 대해 우리가 흔히 오해하는 것 중 하나는 '토론의 주제는 거창해야 한다'라는 것입니다. 토론은 비단 '북한의 핵실험'이나 '지구 온난화'처럼 무거운 주제만 다뤄야 하는 건 아닙니다. 아이들과 함께 책을 읽은 뒤 그 내용을 가지고 이야기하는 것도 얼마든지 훌륭한 말하기 훈련이 됩니다. 단, 어떤 질문을 던지면 좋을지에 대해서는 잘 생각해야 하는데요. 가급적 아이의 창의력과 상상력을 자극하는 질문을 하는 게 좋겠지요. 혹시 질문을 만드는 것이 어렵다고 생각된다면 아래의 다섯 가지 방법을 참고해 보시기 바랍니다.

1 책의 내용을 묻는 질문
· 왜 이런 일이 일어났을까?
· 누가 사건을 일으켰지?

2 가정법 질문

· 네가 만일 인어공주라면 마녀에게 목소리를 주고 인간이 되려 했을까?

· 네가 ○○○였다면 어떻게 했을까?

3 경험과 연결하기

· 너도 동생과 싸운 적이 있었지?

· 네가 학교에 준비물을 가져가지 않았을 때 어떻게 행동했니?

4 이야기 지어내기

· (표지만 본 상태에서) 어떤 내용일 것 같니?

· (중간에 멈추고) 뒷이야기가 어떻게 되었을 것 같아?

· (책을 다 읽은 뒤) 네가 작가라면 이 책의 제목을 뭐라고 정했을까?

5 느낀 점 말하기

· 거북이가 토끼에서 속은 걸 알았을 때 어떤 기분이었을까?

· 책을 읽고 나서 어떤 느낌이 들어?

· 작가가 이 책에서 말하고 싶은 이야기는 무엇이었을까?

초등학교에서는 3학년부터 학급회장(반장)을 뽑습니다. 큰딸 솔이는 작년부터 내심 욕심을 내는 듯하더니 3학년 2학기 학급회장으로 선발됐습니다.

아이는 본래 책임감이 강하고 성실한 편이지만 학급회장이 된 후 조금 더 의젓해진 것 같습니다.

학교 과제며 준비물을 스스로 챙기는 것부터 시작해 같은 반 친구들이 겪는 문제를 걱정하는 등 제법 리더의 면모를 보이니 말이지요. 흔히 '자리가 사람을 만든다'라고 하지요. 고작 초등학교 학급회장 정도에 자리 운운하는 것이 우습지만 또래 아이가 가지기 어려운 마음가짐을 배운 것은 큰 공부가 아닌가 합니다.

초등학생은 그렇다 치더라도, 중ㆍ고등학교의 학급회장 자리는 경쟁이 무척 치열합니다. 특히 전교 회장 선거의 경우 현수막을 제작하고 연설 과외를 받는 등 고가의 비용을 지출하는 경우도 허다하지요. 학교 임원 경력이 대학 입시에서 가점 요인이 되기 때문입니다. 이런 이유로 어린이 스피치 학원에서는 초등학생 때부터 '임원 선거 대비 스피치 연설' 등의 수업에 열을 올리고 원생 중 학급회장이 선출되면 이를 학원 광고에 이용하기도 합니다.

학급의 임원이 되려면 선거 과정을 거칩니다. 선거일 전 반 아이들을 통해, 혹은 자발적 지원을 통해 후보를 추천받고 선거 당일, 각 후보는 친구들 앞에서 출마 연설을 합니다. 무기명 투표를 통해 가장 많은 표를 얻은 사람이 회장으로 뽑힙니다. 역시 아이들이 가장 두려워하는 건 출마 연설입니다. 사람들 앞에 서면 누구나 긴장하기 마련이기 때문이지요. 아무리 평소 가까이 지내던 친구들 앞이라 해도 떨리는 건 마찬가집니다. 저 역시 아나운서로 오랜 시간 일했지만, 여전히 많은 사람 앞에서 서면 가슴이 두근거리고 입이 마릅니다.

저는 근무처가 국회이다 보니 선거철이면 국회의원 후보, 시·도의회 의원 후보들에게 스피치 수업을 의뢰받기도 합니다. 실명을 거론할 수는 없지만, 그동안 다수의 전·현직 의원들의 스피치, 연설 등을 지도해 왔는데요. 정치인들은 사람들 앞에서 말하는 것을 좋아하고 따라서 별다른 어려움이 없을 듯하지만 실상은 그렇지 않습니다. 정치인 역시 대중 앞에서 말하는 것을 두려워하기 때문에 수차례에 걸쳐 원고를 수정하고 연습을 거듭합니다.

어른들도 이 정도인데 아이들은 더 하겠지요. 학급회장 선거에 출마한 아이들 역시 마찬가지인데요. 긴장을 줄일 수 있는 가장 좋은 방법은 원고를 여러 번 낭독하며 할 말을 머릿속에 저장하는 것입니다. 그 전에 어떤 연설문을 쓰느냐도 무척 중요합니다. 다른 후보와 다른, 나만의 공약을 한 가지 정도 첨부하면 기억에 남는 연설을 할 수 있습니다. 이때 지나치게 여러 가지 공약을 남발하는 것도 좋지 않습니다. 기억에 남지 않는 다양한 공약보다는 지킬 수 있는 단 하나의 특색 있는 약속이 훨씬 더 기억에 오래 남고 효과적입니다.

연설문을 쓴 뒤에는 여러 번 소리 내어 읽습니다. 이때는 가능한 한 여러 차례 읽을수록 긴장을 덜 수 있는데요. 처음은 원고를 그대로 보고 읽고, 두 번째는 원고를 조금 덜 보고 읽는 식으로 일곱 번 정도를 읽습니다. 그러면 여덟 번째 낭독부터는 내가 현재 말하고 있는 부분이 원고 속 어느 부분에 쓰여 있다는 것까지 숙지할 수 있습니다. 내용을 잘 알수록 긴장감은 줄어듭니다.

| 연설문 쓰기 순서 |

1 나의 소개

2 학급회장이 되고 싶은 이유

3 나만의 공약

4 회장으로서 각오

5 청중들에 대한 감사 인사

| 연설 시 주의할 점 |

1 남들 앞에 서기 전 호흡을 길게 들이마시고 내뱉습니다. 소리는 내지
   않되, '아에이오우' 발음으로 입을 벌려 긴장을 풉니다.

2 앞에 서면 다리는 자연스럽게 벌리고 두 손은 교탁 위로 올려 자연스
   럽게 원고를 잡습니다. 원고를 모두 외우지 않더라도 원고만 보고 읽기
   보다는 고개를 들고 중앙, 왼쪽, 오른쪽을 번갈아 가며 응시합니다. 만
   일 고개를 돌리는 것이 어렵다면 중앙의 맨 뒤에 점을 정해 바라보며
   이야기합니다.

3 눈과 눈 사이에 밝은 등이 켜져 있다고 생각합니다. 자연스럽게 눈이
   커지고 밝은 인상을 만들 수 있습니다. 입꼬리는 약간 올리고 웃는 모
   양을 만들어줍니다.

4 연설을 시작할 때 첫음절을 보통의 목소리보다 한 톤 정도 크게 냅니
   다. 당당하고 씩씩한 인상을 줄 수 있습니다. 단 속도는 천천히 합니다.

빨리 말하면 청자가 알아듣기 어려울 뿐 아니라 말하는 이도 실수할 수 있습니다.

5 마음속으로 '나는 반장이 될 만한 사람이다'라고 생각합니다. 자신감이 있어야만 태도로 뿜어 나옵니다. 스스로에게 자신이 없다면 남도 나를 믿어주지 않습니다.

6 연설이 끝나면 한발 뒤로 물러서 청자를 향해 인사합니다. 혹시 중간에 말을 더듬거나 실수하더라도 마지막에 좋은 인상을 남길 수 있습니다. 밝은 표정으로 감사한 마음을 담아 허리를 굽혀 인사합니다.

 ## 리더십 동화, 이 책을 추천해요

1 빨간불과 초록불은 왜 싸웠을까?

글 그림 가브리엘 게 (개암나무)

어린이가 꼭 알고 지켜야 하는 교통안전 수칙을 그려낸 그림책. 유치원부터 저학년까지 읽기에 좋다. 어린이 교통사고 5가지 수칙을 일목요연하게 정리했다. [배움의 즐거움] 시리즈 제3권.

2 미움 일기장

글 장희정 | 그림 최정인 (스콜라)

주인공인 초등학생 인아가 미움 일기장을 쓰면서 스스로의 마음을 들여다 본다. 선생님께 혼난 이야기, 부모님이 싸운 이야기, 친구에 대한 서운함 등 누구나 가질 수 있는 감정을 고스란히 담았다. 책을 읽은 뒤 아이와 함께 비슷한 경우에 대해 묻고 답하며 미움을 해결하는 방법에 대해 이야기 나누면 좋다. [스콜라 꼬마지식인] 시리즈 제4권.

3   티라노 초등학교

글 서지원 | 그림 이영림 (키다리)

초등학교 입학을 앞둔 아이라면 읽어볼 만한 책. 학교는 어떤 곳인지, 학교에서 무얼 하는지 주인공 공룡을 중심으로 벌이지는 이야기를 통해 미리 알아볼 수 있다. 이제 막 학교생활을 시작한 아이들도 자신의 일상과 비교하면서 재미있게 읽을 수 있다.

4   사람들은 왜 싸울까

글 이와카와 나오키 | 그림 모리 마사유키 (초록개구리)

사람들은 왜 싸울까? 전쟁은 왜 일어날까? 등 평화의 소중함에 대해 생각하게 하는 책. 이 책은 시처럼 짧은 글로 운율을 살려서 쉽게 읽히지만 깊은 생각과 울림을 준다. 고학년 아이들이 읽기에 더 알맞다. [평화를 배우는 교실] 시리즈 제1권.

5   대장은 나야

글 카트 브랑켄 (시공주니어)

셰피라는 강아지의 눈을 통해 바라본 시각 장애인과 안내견의 모습을
통해 편견보다 이해와 수용이 아름답다는 것을 느끼게 해준다. 편견과
장애라는 가볍지 않은 주제를 쉽고 재미있게 풀어쓴 책.

6   1학년 3반 김송이입니다!

글 정이립 | 그림 신지영 (바람의 아이들)

초등학교에 입학한 1학년 김송이의 학교생활을 통해 학교를 간접 체
험하게 한다. 특히 이 책은 학교가 두려운 주인공 김송이의 마음을 솔
직하게 보여주어서 비슷한 경험을 하는 아이들에게 위로와 응원을 건
넨다. 초등학교에 입학하는 것을 두려워하는 아이들이나 신학기 증후
군으로 어려움을 겪는 저학년 아이들에게 적극 추천.

7   아홉 살 마음 사전

글 박성우 | 그림 김효은 (창비)

'짜증 난다'라는 말을 자주 하는 아이는 '괴롭다', '억울하다' 등 다양한
표현을 몰라서 '짜증 난다'라는 표현을 반복해 사용하고 있을 가능성이
높다. 이 책은 따뜻하고 유머러스한 동시로 어린 독자들에게 '감정'을
알려준다. 초등학교 저학년 어린이들이 생활에서 활용할 수 있는 감정
표현을 그림과 함께 사전 형태로 소개한다.

8   내가 먼저 사과할게요

글 홍종의 | 그림 김중석 (키위북스)

예은이네 아파트에서 벌어진 동네 사람들 간 다툼을 중심으로 갈등에
대처하는 자세와 배려, 존중 등에 대해 알려준다. 자신의 감정만큼 상
대의 입장과 마음도 중요하다는 생각을 하게 해주는 책. [처음부터 제
대로] 시리즈 제12권 .

9   학교 가는 길

글 그림 이보나 흐미엘레프스카 (논장)

이 책은 세상에 대한 아이의 호기심을 발자국으로 표현하면서 학교 가
는 길의 다양한 풍경을 감각적으로 펼친 그래픽 콩트다. 간결한 그래픽
과 글로, 아이들이라면 누구나 공감할 만한 온갖 상상을 발랄하게 풀어
놓는다. 이제 막 세상 속으로 한 걸음 내딛는 아이들에게 발자국은 어
디든지 가라고, 이리저리 돌아다니라고 용기를 북돋아 주며 나아가 희
망의 미래를 묻는다.

10 힘들어도 꼭 해낼 거야

글 최형미 | 그림 김주경 (아주좋은날)

작은 역할도 책임져야 하나요? 내가 안 해도 아무도 모르지 않을까?
초등학교 저학년은 아이들의 인성과 사회성이 발달하는 시기. 작은 역
할이라도 실패와 성공을 통해 제대로 된 책임감을 길러야 한다는 교훈

을 주는 내용으로 저학년 아이들에게 추천한다.

11 용감한 보디가드

글 신현수 | 그림 정호선 (좋은책어린이)

초등학교 3학년 차강찬에게 동생의 보디가드 역할이 주어진다. 부모님이 돌아오시기 전 2시간 동안 동생을 돌보는 일을 맡는데 과연 강찬이는 동생을 잘 돌볼 수 있을까? 형제가 있는 아이라면 한 번쯤 읽어볼 만한 책이다.

12 우리에겐 어떤 권리가 있을까

글 발레리아 파렐라 | 그림 마라 체리 (청솔)

어린이도 자신의 생각을 당당하게 이야기할 줄 알아야 한다. 이 책은 아동권리협약에 실려 있는 조항들을 토대로 어린이들에게 어떤 권리가 있는지 알아보고 어린이들 스스로 어떻게 하면 권리를 지킬 수 있는지 10편의 동화를 통해 살펴볼 수 있도록 구성했다.

13 좌충우돌 선거운동

글 최형미 | 그림 지영이 (한림출판사)

전교 회장 선거 이야기를 통해 어른들의 선거에 대해 쉽게 이해하도록 구성한 장편동화. 공정한 선거 과정을 통해 민주주의의 참뜻을 배우고, 우리에게 주어진 소중한 한 표의 의미를 일깨운다.

14 꼴찌여도 괜찮아

글 강여울 | 그림 박로사 (소담주니어)

누구나 포기하지 않고 차근차근 노력하면 목표를 이룰 수 있다는 것을 느끼게 해준다. 총 4편의 동화가 수록되어 있으며 타고난 재주뿐 아니라 끈기와 성실함이 리더의 중요한 덕목이라는 사실을 알려준다. [저학년 아이를 위한 인성동화] 시리즈 중 제2권.

15 학교 가기 싫을 땐 어떻게 해요?

글 소피 마르텔 | 그림 크리스틴 바튀즈 (상상스쿨)

아이 스스로 공부에 대한 목표를 가지고 노력한다면 얼마나 좋을까. 이 책의 주인공 레아는 책상에 앉아 공부하기보다 자신이 흥미를 느끼는 분야에 적극적으로 참여한다. 자신이 좋아하는 일이 무엇인지 스스로 찾아 나가는 과정을 통해 학업에 대한 동기를 찾을 수 있도록 이끈다. 특히 아이의 감정을 이해할 수 있도록 부모로서 가져야 할 태도 등에 대한 전문가의 글도 실려 있어 유익하다.

책에서 배우는 배려하는 말하기

"엄마, 애들이 자꾸 내 이가 토끼처럼 튀어나왔다고 놀려요."

"괜찮아, 나중에 교정하면 예뻐질 거라고 말해줘."

"그래도 계속 놀려. 며칠 전에는 수업 시간에 선생님이 친구 외모를 가지고 놀리면 안 된다고 하니까, ○○이가 '솔이처럼 앞니가 튀어나와도요?'라고 해서 애들이 전부 나만 쳐다보면서 웃었단 말이에요."

솔이는 앞니 두 개가 유독 큰 편입니다. 두 개 중 하나는 앞으로 약간 뻗어있는데요. 교정 전 제 치아 모양과 똑 닮았습니다. 부모의 좋은 점만 골라 닮으면 좋겠건만, 어쩌면 그런 것까지 쏙 빼닮았는지요.

엄마 눈에는 튀어나온 앞니도 다람쥐처럼 귀엽게만 보이는데, 아이에게는 큰 콤플렉스인가 봅니다. 언젠가부터 사진을 찍을 때도 활짝 웃지 않고 입술을 꼭 다물어 앞니를 감춥니다. 아마도 이따금 짓궂은 친구들에게 놀림을 당하다 보니 더욱 의기소침해지는 것이겠지요.

요즘 왕따가 사회적으로 큰 문제지요. 뉴스에 보도되는 사건들은 말할 것도 없고요. 우리 주변에도 왕따나 학교 폭력이 심심치 않게 벌어집니다. 그 결과 지난 2015년부터 국가와 지자체, 학교를 중심으로 '인성교육진흥법'이 제정되기도 했는데요. 이 법은 인성 교육을 의무로 규정한, 세계적으로 유례가 없는 법입니다.

아이들에게 바른 인성을 키워주려면 어릴 때 가정에서부터 철저한 교육이 필요합니다. 친구를 괴롭히거나 놀리는 것, 폭력을 쓰는 것은 나쁜 행동이며 오히려 곤란한 상황에 부닥칠 수 있다는 점을 분명히 상기시켜야 합니다. 부모님 중에는 아이들을 혼내면 기가 죽고 자존감이 떨어질 것을 우려해 잘못된 행동도 못 본 척 넘기는 분들도 계신데요. 오히려 이는 아이의 자존감을 더욱 떨어뜨리는 결과를 가져옵니다. 오은영 소아정신과 전문의도 잘못된 행동을 인지하지 못하는 아이는 결국 같은 행동을 반복함으로써 차후에 더 큰 문제를 일으킬 수 있다고 경고합니다. 단, 아이를 꾸짖을 때는 소리를 지르거나 겁을 주기보다는 차분하지만 단호하고 분명한 태도로 옳고 그름을 설명하는 게 좋겠지요. 가끔 '우리 아이는 아직 어리니까'라며 친구를 놀리거나 나쁜 말을 하는 자녀에게 관대한 부모님들이 계십니다. 그러나 '바늘 도둑이 소 도둑' 됩니다. 말하기 습관은 가능한 한 어릴 때부터 들이는 게 좋습니다.

책을 통해 상대를 배려하는 말하기의 중요성을 깨우치게 하는 것도 좋은데요. 안데르센의 동화《미운 오리 새끼》속 주인공 새끼 오리는 자신이 다른 오리들과 다르게 생겼다는 이유로 주변의 괴롭힘을 당하지요. 이때 부모는 아이들에게 '주변에 나와 생김이나 생각이 다른 사람들을 어떻게 대해야 하는지'에 대해 이야기 나누는 것으로 배려심 있는 말하기를 가르칠 수 있습니다.

'品(품)' 자는 한자로 입구자 세 개, 즉 말이 쌓여서 한 사람의 품성이 된다는 의미라고 하지요. 품위 있는 사람을 위한 올바른 말하기 교육은 선택이 아닌 필수입니다.

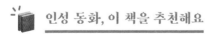

인성 동화, 이 책을 추천해요

1   아홉살 독서왕

글 서지원 | 그림 박연옥 (예림당)

아홉 살 보람이를 주인공으로 한 이야기를 통해 독서에 흥미를 붙일 수 있는 비법을 알려주는 책. 미취학부터 저학년 아이들까지의 눈높이에 맞추어 쓰였다. 아홉 살 선생님(공부 습관), 아홉 살 게임왕(게임 중독), 아홉 살 사장님(경제 습관) 등 아홉 살 시리즈 중 하나.

2. 삶과 죽음에 대한 커다란 책

글 실비 보시에 | 그림 상드라 푸아로 셰리프 (톡)

죽음과 삶에 대한 근본적 물음을 던지고 아이들이 스스로 생각하며 답을 찾을 수 있도록 이끈다. 특히 가까운 사람의 죽음을 겪었다면 이 책이 아픈 마음을 추스르는 데 도움이 될 것이다. 죽음을 겁내거나 두려워하지 않고 현재의 삶을 소중히 여기며 아름답게 살아갈 수 있는 용기를 지니게 된다. [꼬마 철학자 시리즈] 제3권.

3 할머니 제삿날

글 이춘희 | 그림 김홍모 (비룡소)

할머니 제삿날을 맞은 주인공 민수를 통해 제사의 의미와 제례 절차, 제기 사용 등 아이들이 제사를 지내며 궁금해하는 점들을 자연스럽게 알려준다. 특히 할머니를 그리워하는 민수를 통해 가족의 의미와 삶, 죽음에 대해 생각할 기회를 준다. [지식 다다익선] 시리즈 제37권.

4 서로 달라서 더 아름다운 세상

글 노지영, 서지원, 곽민수 | 그림 문채빈 (휴이넘)

다른 것과 틀린 것의 차이는 무엇일까. 오빠만 좋아하는 할머니를 둔 미주, 부유한 친구를 부러워하는 한솔이, 베트남인 엄마를 둔 대우 등 주인공들을 통해 나와 다른 사람, 다른 상황을 어떻게 바라보면 좋을지 돌아볼 수 있다. 유치원이나 저학년 아이들도 읽어보기 쉽게 쓰였다.

5 나는 나의 주인

글 채인선 | 그림 안은진 (토토북)

나의 몸과 마음의 주인이 되는 방법을 알려준다. 슬프거나 화가 났을 때, 서툰 일을 만났을 때 어떻게 해야 하는지 차근차근 알아본다. 마치 연극 무대처럼 구성된 이야기를 통해 아이들이 쉽게 이해할 수 있도록 쓰였다.

6 나도 힘들어

글 제니퍼 무어 밀라노 | 그림 마르타 파브레가 (예꿈)

어린이도 힘들다. 어린이라서 할 수 없는 일도 많고 해야 할 것도 많다. 어디를 가든 새로운 규칙을 익혀야 하고 새 친구를 사귀어야 한다. 이 책은 그런 어린아이들의 마음을 보듬어주는 동시에 현재의 삶을 재미있게 보내는 방법을 격려한다.

7 세상을 뒤흔든 위인들의 좋은 습관

글 최효찬 | 그림 이지후 (녹색지팡이)

케네디, 빌 게이츠, 톨스토이, 손정의 등 어린 시절부터 좋은 습관을 길러 리더가 된 사람들의 사례를 보면서 습관의 중요성을 알게된다. 특히 어린이의 눈높이에서 쉽게 따라 할 수 있는 50가지 좋은 습관을 소개한다.

8 이게 정말 나일까?

글 그림 요시타케 신스케 (주니어김영사)

숙제와 심부름이 귀찮아 자신의 일을 대신한 로봇을 산 주인공 지후가 로봇에게 내가 어떤 사람인지 설명하기 위해 진지하게 스스로를 돌아보게 된다는 이야기. 《이게 정말 사과일까》로 많은 사랑을 받은 요시타케 신스케의 책. 아이들에게 자존감의 중요성을 깨우치게 해준다.

9 할아버지의 코트

글 잠 아일스워스 | 그림 바바라 매클린톡 (이마주)

이 책은 유대계 민요인 <내게는 낡은 오버코트가 있었네>를 바탕으로 쓴 이야기. 특히 아름다운 그림이 눈길을 끈다. 절약과 검소함, 스스로를 가꾸는 삶의 자세를 따뜻한 감성으로 나타낸 책.

10 사람이 뭐야?

글 최승필 | 그림 한지혜 (창비)

우리는 어떻게 사람이 되었을까? 사람의 기원과 진화를 주제로 무엇이 인간을 인간답게 만드는지 여덟 가지를 골라 설명한다. 아빠가 아이의 성장 앨범을 보며 사람의 특징을 짚어보고 이야기 나누는 방식으로 과거와 현재, 인간의 진화 단계를 흥미롭게 들려준다. 과학적이면서 동시에 철학적인 이야기. 특히 아빠가 읽어주면 좋다.

11 난 별명이 싫어요

글 류선희 그림 | 스튜디오 몽 (리틀씨앤톡)

초등 저학년을 위한 자기 계발 동화. 이 책은 주인공 석이가 하마라는 별명이 싫어서 벌어지는 일상을 담은 책으로, 단점도 장점이 될 수 있다는 것을 일깨워준다. [뚝딱뚝딱 고민 해결]시리즈의 제4권.

12 내 이름은 김 신데렐라

글 고재은 | 그림 윤지 (문학동네)

표제작 〈내 이름은 김신데렐라〉 외 3편의 동화가 담겨 있는 단편 동화집. 어른들에게는 하찮기만 한 것을 간절히 갖고 싶어 하는 아이, 사는 게 곤궁하고 부대껴서 아이를 살뜰히 살피지 못하는 부모 밑에서 크는 아이, 끌리는 것을 좋아할 뿐인데 남녀 구분 때문에 나무람을 듣고 어리둥절한 아이, 늘 열심히 해도 부모의 기대에 미치지 못해 점점 자신감을 잃어가는 아이 등을 통해 어린 마음을 따뜻한 눈길로 어루만져준다. 어른들이 읽어도 좋을 동화책.

13 내 동생의 특별한 염색체

글 모르간 다비드 (파랑새)

다운 증후군 동생을 둔 형 마티유의 이야기. 동생과 함께 학교에 간 마티유는 친구들에게 놀림을 받는다. 처음에는 친구들의 놀림에 동생이 부끄러웠던 마티유. 그러나 친구 아나이스의 말을 듣고 동생을 부끄러워할 필요가 없다는 것을 깨닫는다. 나와 다른 타인의 고유성을 존중해야 한다는 메시지를 담은 책. 저학년부터 고학년까지 꼭 읽어보길 추천한다.

14 이슬이의 첫 심부름

글 쓰쓰이 요리코 (한림출판사)

다섯 살 이슬이가 혼자 우유를 사러 갔다 돌아오는 과정을 통해 성취감의 중요성과 자립심을 일깨워주는 이야기. 유아부터 저학년 아이들에게 특히 추천한다.

15 롤라와 나

글 키아라 발렌티나 세그레 | 그림 파올로 도메니코니 (씨드북)

시력을 잃은 아이 롤라와 맹인안내견의 우정을 아름답게 그려냈다. 이름이 없었던 맹인안내견은 롤라에게 '스텔라'라는 이름을 선물 받는다. 스텔라는 '별'이라는 뜻. 잔잔한 문체로 큰 감동을 주는 그림책으로, 어른들이 읽기에도 전혀 무리가 없다.

공	감	력		키	우	는									
말	하	기		교	육										

아침 토론하기

여러분은 하루 중 언제, 아이들과 가장 많은 대화를 나누시나요? 저는 주로
아침 시간에 아이들과 가장 많은 이야기를 나눕니다. 큰아이와의 대화 주제
는 보통 신문 속 이슈들이 차지하는데요. 아이는 매일 아침을 먹기 전 어린이
신문을 읽은 뒤 함께 식사하며 그에 대한 이야기를 나눕니다. 제가 알지 못하
는 내용이 등장할 때도 있는데요. 그럴 땐 아이에게 소리 내어 읽어보게 하지
요. 그러면 아이는 마치 뉴스 앵커라도 된 것처럼 기사를 낭독하곤 합니다. 앞
서 강조했듯 소리 내어 읽기의 힘은 큽니다. 아이에게 가능한 한 자주 낭독의

기회를 주세요. 그리고 엄마가 아이의 좋은 청중이 되어주는 겁니다.

오늘 아침 신문에는 '화폐'에 대한 기사가 실렸는데요. 아이는 제게 이런 질문을 던졌습니다.

"엄마, 돈은 한국은행에서 만들잖아요. 그런데 왜 더 많은 돈을 만들지 않는 걸까요? 돈을 많이 만들어내면 우리나라가 더 부자가 될 텐데 말이에요." 저는 아이에게 화폐의 기능과 돈의 가치, 인플레이션 등 경제 순환 구조에 대해 간단하게 설명했습니다. 그러나 아이의 궁금증은 여전히 풀리지 않은 듯 보였지요. 결국 그날 저녁 무렵, 아이와 저는 동네 도서관을 찾았습니다. 어린이 서고에는 경제에 대한 다양한 책들이 있었습니다. 아이는 이 책 저 책을 꺼내어 훑어보더니 적당한 책 몇 권을 골라 진득하게 읽기 시작했습니다. 얼마 뒤, 책을 통해 궁금증을 해소하고 집으로 돌아오는 길, 아이와 함께 돈과 경제에 대한 이런저런 이야기를 나누었습니다. 돈의 가치와 소득, 소비의 개념부터 빈부 격차는 왜 생기는지 등 다양한 이야기들이 꼬리를 물고 이어졌지요. 물론 스스로 던진 질문을 해결하기 위해 노력한 딸아이를 한껏 칭찬하는 것도 잊지 않았고요. 매일 한 뼘씩 성장하는 아이를 보며 엄마인 저역시 배우기를 게을리하지 말아야겠다고 다짐합니다.

토론을 잘하는 아이를 만들기 위해서는 그다지 대단한 노력이 필요치 않습니다. 매일 일정한 시간, 아이와 한 가지 주제에 대해 이야기를 나누어보세요. 가능한 한 부모보다 아이가 더 많은 의견을 말할 수 있도록 기회를 줍니다. 혹시 조금 엉뚱한 의견을 내더라도 "왜 그런 쓸데없는 걸 묻느냐"라거나 "나중에 크면 저절로 알게 된다"라고 면박을 주어서는 안 되겠지요.

책《후츠파로 일어서라》를 보면 질문과 토론의 힘이 얼마나 위대한지 느낄 수 있습니다. '후츠파'란 나이와 권위에 눈치 보지 않고 자신의 생각을 말하는 당돌한 도전 정신을 말하는데요. 세계가 주목하는 벤처 강국인 이스라엘의 힘의 원천은 바로 '후츠파 정신' 덕분이라고 합니다. 어른의 말에 무조건 복종하거나 자신의 생각을 숨기는 것은 더는 미덕이 아닙니다. 아이가 당당하고 논리적으로 자신의 주장을 펼 수 있도록 토론하고 질문할 기회를 주세요.

주인공과 인터뷰하기

"독서는 가장 싼 값으로 가장 오랫동안 즐거움을 누리는 방법이다." 이는 프랑스 철학자 몽테뉴의 말입니다. 책 읽기는 공부가 아니라 즐거움입니다. 그러나 아직 읽기에 익숙지 않은 아이들에게 독서가 즐거움이 되기란 쉽지 않지요. 이때 '말하기'를 적절히 활용하면 우리 아이들이 책과 친해지는 데 큰 도움을 줄 수 있습니다.

'주인공과 인터뷰하기'는 말하기를 통해 깊이 있는 읽기를 유도하는 방법인데요. 책을 읽은 뒤 기자가 되어 책 속 인물에게 질문을 던지는 방식입니다. 이때 아이가 기자 역할을 맡았다면 엄마는 책 속 인물을 맡아 질문에 답변하도록 합니다. 물론 역할이 바뀌어도 좋습니다. 인터뷰하기 위해서는 책 내용을 완전히 파악하는 게 중요하므로 보다 깊이 있는 독서로 이끌 수 있습니다. 아래는《심청전》을 읽고 저와 딸이 나눈 인터뷰 내용입니다.

솔(기자)	심청 씨, 안녕하세요. 반갑습니다. 저는 이솔 기자입니다. 인터뷰에 응해주셔서 감사합니다.
엄마(심청)	네, 반갑습니다.
솔(기자)	심청 씨께 질문이 있는데요. 인당수에 빠질 때 무섭지는 않았나요?
엄마(심청)	무서웠지요. 마치 바다가 저를 꿀꺽 삼키는 기분이었습니다. 하지만 아버지의 눈을 뜨게 해준다는 말에 꾹 참을 수 있었지요.
솔(기자)	정말 착한 마음씨를 가지셨네요. 그런데 만일 아버님께서는 심청 씨가 인당수에 빠진다는 사실에 몹시 슬프셨을 것 같아요. 혹시 반대하지는 않으셨나요?
엄마(심청)	물론 아버지는 반대하셨지요. 하지만 저는 아버지의 눈을 뜨게 한다면 제 목숨 따위는 상관없다고 생각했습니다.
솔(기자)	심청 씨가 인당수에 몸을 던졌지만 아버지의 눈이 떠지지 않았다는 사실을 알고 기분이 어떠셨나요?
엄마(심청)	몹시 실망했습니다. 저는 아버지를 위해서 어려운 결심을 했는데 아버지께서 여전히 앞을 보지 못하신다는 소식을 듣고 가슴이 아팠어요.
솔(기자)	그렇지만 결국 아버지는 눈을 뜨셨으니 참 잘 되었네요. 앞으로 아버지와 행복하시길 바랍니다. 오늘 인터뷰 감사드립니다.

등장인물의 입장 대변하기

제가 진행하고 있는 국회방송 〈TV, 도서관에 가다〉에서는 얼마 전, 알베르 카
뮈의 《이방인》에 대해 출연자들과 오랜 시간 이야기를 나누었습니다. 주인공
뫼르소는 왜 아랍인에게 총을 쏘았을까요? 그가 법정에서 진술한 대로 정말
태양 때문이었을까요? 이 책을 번역한 한국외대 유기환 교수는 "뫼르소는 결
코 아랍인을 죽일 생각이 없었다. 단지 손이 미끄러져 우연히 방아쇠를 당긴
것이다"라고 말했습니다. 반면 허희 문학평론가는 "만일 뫼르소가 방아쇠를
당긴 것이 단 한 발뿐이었다면 실수라고 생각할 수 있겠지만 다섯 발을 실수
로 쏘았다고 생각하기에는 어렵지 않을까?"라며 다른 해석을 내놓았습니다.
뫼르소는 과연 살인의 의도를 가지고 아랍인을 향해 총을 발사했던 것일까
요? 아니면, 단지 작열하는 태양에 정신을 잃고 실수로 방아쇠를 당긴 것일까
요. 이 책을 쓴 알베르 까뮈는 이미 이 세상 사람이 아니므로 무엇이 진실인
지는 아무도 알 수 없습니다.

그러나 뫼르소의 살인에 얽힌 진실보다 더 중요한 건 따로 있습니다.
그건 바로 이 책을 읽는 독자마다 책에 대해 각기 다른 해석을 내릴 수 있다
는 사실이지요.

아이들의 책 읽기 역시 마찬가지입니다. 동화책, 역사책, 위인전 등 모
든 책은 아이들이 직접 읽고 느껴야 진정한 의미가 있습니다. 그러므로 어른
의 시선으로 책의 교훈을 미리 정하고 주입하려 해서는 안 됩니다.

우리에게 너무나 유명한 동화 《피노키오의 모험》, 유년 시절 누구나 한

번쯤 읽어 본 책이지요. 피노키오는 제페토 할아버지의 부탁에도 불구하고 학교에 가는 대신 여우와 고양이를 따라나섰다가 결국 고래 밥 신세가 되고 맙니다. 이때 아이들과 책을 읽은 뒤 책 속 등장인물들이 왜 그런 행동을 했을지에 대해 이야기를 나눈다면 더욱 깊이 있는 독서를 할 수 있습니다.

피노키오의 입장 대변하기

1 피노키오는 왜 할아버지의 말을 듣지 않고 여우와 고양이를 따라갔을까?

2 피노키오는 요정의 말도, 귀뚜라미의 말도 듣지 않았어. 왜 그랬을까?

할아버지의 입장 대변하기

1 할아버지는 왜 피노키오를 만들었을까?

2 할아버지는 왜 피오키오가 사람이 되었으면 좋겠다고 생각했을까?

3 할아버지는 피노키오가 사라진 걸 알았을 때 굳이 찾아 나선 이유는 무엇일까? 다른 인형을 또 만들 수도 있지 않았을까?

4 할아버지는 피노키오가 사람이 되었을 때 어떤 기분이었을까?

요정 입장 대변하기

1 요정은 왜 피노키오에게 귀뚜라미를 붙여주었을까?

2 요정은 피노키오가 말썽을 부렸는데도 왜 사람으로 만들었을까?

품위 있는 사람으로 키우는 말하기 교육법

요즘 인기 있는 자기 계발서 중에는 '말 잘하는 법'을 다룬 책들이 다수를 차지합니다. 회의나 토론 등 직장에서 일을 잘하기 위한 말하기 방법은 물론이고, 생활을 잘하기 위한 말하기 방법에 관한 책들도 눈에 띕니다.

하지만 이보다 더 중요한 것은 바로 '아이들의 말하기'가 아닌가 합니다. 흔히 말은 그 사람의 인격을 드러낸다고 하지요. 인격은 결코 하루아침에 만들어지지 않습니다. 어릴 적부터 바르게 생각하고 말하는 법을 꾸준히 체득해야 비로소 '잘 말하는 사람'으로 성장할 수 있습니다. 말을 잘하기 위해서는 '내용'뿐 아니라 '태도' 역시 중요한데요. 아무리 논리 있는 주장을 펴는 이라고 해도 태도가 바르지 않다면 많은 사람을 설득시키기 어렵기 때문입니다. 여기에서는 말 잘하는 우리 아이를 위해 반드시 가르쳐야 할 교육법 세 가지를 꼽아 소개합니다.

1. 인사하기

소위 사회생활을 잘하는 이들의 공통점은 '인사성이 밝다'는 것입니다. 사무실 복도에서, 혹은 동네 상가에서 우연히 아는 이를 마주쳤을 때를 떠올려보세요. 분명 눈이 마주쳤음에도 불구하고 고개를 푹 숙이거나 못 본 척 지나치는 사람과 "안녕하세요!" 하고 밝게 웃으며 인사하는 사람 중 어느 쪽에 더 좋은 인상을 받으시나요? 아이들도 마찬가집니다. 아파트 엘리베이터나 동네 마트에서 이웃 어른, 친구의 부모님을 만났을 때 "안녕하세요!" 하고 밝게 인사하는 아이와 무심히 지나치는 아이, 둘 중 어느 쪽이 더 기억에 남을까요? 인사를 잘하는 것은 어릴 때부터 교육을 통해 충분히 가르칠 수 있습니다. 인사를 잘 한 아이들은 학교에서 선생님과 친구들 만났을 때도 좋은 인상을 줄 수 있겠지요.

만일 우리 아이가 인사를 잘하지 않으려 한다면 먼저 그 이유를 살펴봅니다. 인사하는 방법을 모를 수도 있고요. 단지 부끄럽기 때문일 수도 있기 때문이지요. 아이가 인사하기를 부끄러워한다면 강요하거나 다그치지 말고 단지 부모가 인사하는 모습을 자주 보여주는 것으로도 충분히 교육할 수 있습니다. 아파트 경비아저씨, 유치원 차량 기사님, 택배 기사님 등 주변에서 자주 만나는 이들에게 큰 소리로 밝게 인사하는 모습을 자주 보여주세요. 아이가 당장 따라 하지 않더라도 분명 언젠가는 엄마, 아빠를 따라 크게 인사하는 모습을 보여주리라 확신합니다.

2. 긍정의 말하기

놀이터에 초등학교 3, 4학년쯤 되는 여자아이 서너 명이 모여 놀고 있습니다. 이때 한 아이가 친구들에게 제안합니다.

"얘들아, 우리 다 놀고 나서 아이스크림 먹을까?"

그러자 한 아이가 이렇게 대꾸합니다.

"싫어! 난 아이스크림은 딱 질색이야. 나는 음료수 마실래!"

이따금 놀이터에서 아이들끼리 모여 노는 것을 보고 있자면 아무것도 아닌 일로 실랑이를 벌여서 한두 명이 토라지거나 끝내 싸움으로 이어지기도 합니다. 사실 다툼의 원인은 별것 아닌데 말투나 태도 때문에 상처를 받거나 오해를 불러일으키는 것이지요.

우리 속담에 '아 다르고, 어 다르다'라는 말이 있습니다. 같은 말이라 해도 어떻게 표현하느냐에 따라 상대에게 다르게 전달될 수 있다는 뜻이지요. '나는 아이스크림보다 음료수가 더 먹고 싶다'라는 의사를 친구에게 건넬 때도 어떻게 말하느냐 따라 상대의 기분을 좋게 할 수도, 상하게 할 수 있습니다.

아이에게 긍정의 말하기를 가르치고자 한다면 이 또한 부모부터 시작합니다. 만일 아이가 엉뚱한 의견을 낸다면 "무슨 말도 안 되는 소리야! 쓸데없는 말을 하고 있어!" 하기보다는 "그렇게 생각할 수도 있구나(긍정). 그렇지만 나는 이 방법이 더 좋을 것 같은데(유도)"와 같이 가급적 '긍정'에서 '유도'의 단계를 거쳐 말하도록 합니다. 책을 읽을 때도 "책 좀 읽어라"가 아니라 "우리 책 읽을까?"와 같이 말한다면 좋겠지요.

3. 잘 싸우기

아이들은 원래 싸우며 크는 거라고 하지만 빈도수가 잦다면 문제가 됩니다. 특히 주먹이 앞서는 아이들의 경우 피해자나 가해자 모두에게 상처가 될 뿐 아니라 때로는 부모의 싸움으로 이어지기까지 하지요. 하지만 단체 생활을 하다 보면 갈등은 늘 일어나기 마련입니다. 이때 가능한 한 빨리 마찰을 봉합할 방법으로 마셜 B. 로젠버그 박사의 '비폭력대화법'을 추천합니다. 비폭력대화는 '관찰', '느낌', '욕구', '부탁'이라는 4가지 요소를 통해 폭력 없이 갈등을 줄여나가는 대화법입니다.

1 관찰

관찰은 일어난 사건에 대해 마치 사진을 찍듯 표현하는 것입니다. 만일 두 아이가 하나의 장난감을 두고 싸웠다고 가정해 볼까요. 두 아이에게 각자 싸움이 일어난 이유에 대해 사건이 일어난 순서대로 설명하도록 합니다.

2 느낌

이번에는 서로의 감정을 솔직하게 이야기하도록 합니다. 이때 아이가 울거나 소리를 치는 등 정서적으로 흥분되어 있을 때는 진정하고 끝까지 말할 수 있도록 기다려줍니다. "너무 화가 나!", "쟤가 미워!" 등 솔직한 마음을 표현하게 합니다.

3 욕구

이때는 앞서 말한 자신이 화가 나고 상대가 미운 감정이 어떤 욕구로 인해 비롯되었는지를 설명하도록 합니다. "왜 화가 났니?", "왜 친구가 미운데?"라고 질문할 수 있겠지요.

4 부탁

이 단계에서는 상대에게 바라는 것을 솔직히 말하도록 합니다. "나도 네 장난감을 가지고 놀고 싶으니 함께 가지고 놀았으면 좋겠어" 혹은 "네가 다 가지고 논 다음에는 내가 갖고 놀았으면 좋겠어" 등 아이는 상대에게 바라는 것을 말하겠지요. 이때 가급적 부모는 아이의 의견에 개입하기보다는 아이 스스로 해결책을 찾을 수 있도록 기다려주는 것이 좋습니다.

책을 읽을 때 당신은
항상 가장 좋은 친구와
함께 있다.

시드니 스미스 Sidney Smith

일부 학교에서는 독서록을 많이 쓴 학생에게 상을 주기도 하는데요. 어떤 아이에게는 효과적일 수 있지만, 이 또한 썩 좋은 방법은 아니라고 생각됩니다. 상을 받기 위해 무조건 책의 권수만 늘릴 수 있기 때문이지요. 대충대충 많이 읽는 것보다 한 권이라도 제대로 읽는 것이 더 효과적입니다. 독서록을 쓰는 것에 부담을 느낀다면 줄거리나 감상 등 긴 글 대신 책의 제목과 지은이, 읽은 날짜 정도의 간단한 내용만 기록해도 좋습니다. 독서록을 쓰는 것은 글쓰기 연습을 위한 것이기도 하지만 독서 현황을 점검하고 계획을 세우려는 목적도 있습니다. 만일 긴 글을 쓰는 것이 어려워서 쓸 때마다 스트레스를 받는다면 억지로 쓰는 것보다 짧은 형식으로 바꾸는 편이 나을 수 있기 때문이지요. 간단한 메모를 반복하며 쓰기를 습관화한 뒤 점차 호흡을 늘려 가는 방법도 좋습니다. 쓰기를 습관화한 뒤에는 아이와 부모가 한 가지 주제에 대해 함께 글을 쓰고 이를 서로 돌려보는 것을 추천합니다. 글에 대한 책임감을 기를 뿐만 아니라 더없이 좋은 소통의 방법이 될 수 있습니다.

CHAPTER 05

읽기로
'쓰기'
실력
키우기

아이가 먼저 찾아 쓰는
독서록 만들기

독서록 꼭 써야 할까?

초등학생들에게 책이 싫은 이유를 물으면 의외로 '독서록 쓰는 게 귀찮아서'
라고 답하는 경우가 많습니다. 언젠가부터 독서록은 책을 읽으면 으레 따라
붙는 '원 플러스 원' 같은 존재가 되었습니다. 많은 초등학교에서 독서록 쓰기
를 숙제로 내주고 있기 때문입니다.

그런데 사람 심리가 참 얄궂습니다. '방 좀 치워볼까?' 하던 차에, 누가
방 좀 치우라고 하면, 그나마 있던 의욕도 사라져버리니 말이지요. 독서도 마
찬가지입니다. 가뜩이나 책 읽는 게 마뜩잖은데 글까지 쓰라고 하니, 책이라

면 쳐다보기도 싫어지는 것이 아닐까요?

독서록 쓰기는 책과 멀어지게 하는 원인이 되기도 합니다. 물론 이제막 책 읽기에 재미를 붙인 아이들에게 국한한 얘기입니다.

일부 학교에서는 독서록을 많이 쓴 학생들에게 상을 주기도 하는데요. 어떤 아이에게는 효과적일 수 있지만, 이 또한 썩 좋은 방법은 아니라고 생각됩니다. 상을 받기 위해 무조건 책의 권수만 늘리려 할 수 있기 때문이지요. 대충대충 많이 읽는 것보다 한 권이라도 제대로 읽는 것이 더 효과적입니다.

그럼 독서록은 대체 왜 쓰는 것일까요? 독서록의 장점은 다음과 같습니다. 첫째, 독서록은 언제, 무슨 책을 읽었는지 알려줍니다. 이를 통해 현재의 독서 상태를 점검하고 계획을 세워 편독을 예방할 수 있지요. 둘째, 독서록은 글을 쓰는 훈련이 됩니다.《유혹하는 글쓰기》의 저자 스티븐 킹은 글을 잘쓰려면 무조건 많이 읽고 많이 써야 한다고 했습니다. 어떤 글을 써야 할지막막할 땐 독서록만 한 게 없지요. 책의 줄거리를 요약하거나 느낀 점을 글로쓰며 논리력과 문장력을 키울 수 있습니다.

지금부터는 독서록의 부담은 줄이면서 독서의 효과는 키우는 방법을알아보겠습니다.

독서록 어떻게 쓸까?

'안녕하세요. 〈말하기로읽기쓰기〉 애청자입니다. 저희 아이는 초등학생인데요.

어릴 때는 곧잘 책을 읽더니 요즘은 독서록을 써야 하는 숙제 때문에 억지로 읽는 것 같아서 아쉽습니다. 어떻게 도와주면 좋을까요?'

현재 제가 제작·진행하고 있는 네이버 오디오클립 〈말하기로읽기쓰기〉 댓글로 올라온 사연 중 하나입니다. 아이들이 독서록을 쓰기 싫어하는 이유는 간단합니다. 독서록을 지겨운 숙제로 인식하기 때문이지요. 쓰는 방법을 잘 모른다는 것도 큰 이유입니다. 아이가 독서록을 쓰기 어려워한다면 읽기에서 쓰기로 가기 전 '말하기' 단계를 추가합니다. 이른바 '말로 쓰는 독서록'인데요. 글을 쓰기 전에 부모와 이야기를 나누며 생각을 정리하면 자연스레 글의 개요가 만들어집니다.

읽기 → 말하기 (글의 줄기 잡기) → 마인드맵 (가지 뻗기) → 쓰기

이때 부모는 아이에게 적절한 질문을 던져서 주제를 잡는 것을 돕는데요. 질문의 예시는 다음과 같습니다.

○ 책의 내용 중 어떤 장면이 기억에 남니?

○ 주인공은 왜 그런 선택을 했을까?

○ 주인공의 태도에 대해 어떻게 생각해?

○ 책을 읽고 나서 어떤 느낌이 들어?

○ 작가가 책을 통해서 하고 싶은 말은 무엇이었을까?

○ 이 책을 함께 읽고 싶은 사람이 있니? 있다면 그 이유는?

대화를 통해 어떤 내용을 쓸지 큰 줄기를 잡았다면 이번에는 마인드맵을 그려봅니다. 마인드맵은 '생각의 지도'라는 뜻으로 영국의 심리학자 토니 부잔이 창안한 두뇌 학습법입니다. 마인드맵은 본래 기억력을 높이려는 방법으로 고안된 것이지만 요즘은 다양한 업무나 학습 능력을 높이기 위한 방안으로 활용되고 있지요.

글쓰기를 위한 마인드맵은 이렇게 응용합니다. 먼저 흰 종이에 여러 개의 큰 동그라미를 그린 뒤, 그 안에 책과 관련한 단어를 적습니다. 앞서 대화를 통해 나온 이야기들이 글의 큰 줄기라면, 이 단계에서는 보다 작은 가지를 뻗는다고 생각하면 됩니다.

다음은 《흥부전》을 읽고 나눈 이야기를 통해 글의 개요를 잡는 방법입니다.

"솔아, 〈흥부전〉에서 어느 장면이 가장 기억에 남아?"

"놀부가 제비 다리를 일부러 부러뜨리는 거요. 놀부는 정말 바보 같아요."

"왜 그렇게 생각하는데?"

"제비 다리를 일부러 부러뜨리고 다시 고쳐주면 제비가 고마워할 거라고 생각했으니까요. 아마 제비가 더 기분이 나빴을걸요?"

"네 말을 듣고 보니 그럴 수도 있겠네. 그럼 만일 네가 놀부라면 어떻게 했을 것 같아?"

"흥부는 착한 일을 해서 선물을 많이 받았잖아요. 그러니까 나도 착한 일을 하려고 노력했을 것 같아요. 제비 다리를 부러뜨리는 것 말고요."

개요 잡기

◦ 처음 : '놀부의 제비 다리 부러뜨리기'

◦ 중간 : 제비는 기분이 어땠을까?, 내가 놀부라면?

◦ 끝 : 착한 일을 하면 복을 받는다.

등장인물에게 편지 쓰기

과거와 현재의 가장 큰 변화를 꼽자면 단연 인터넷 환경을 들 수 있습니다. 제가 성인이 되던 해인 1998년만 해도 초고속 인터넷이 아닌 천리안, 나우누리 등 PC 통신이 최첨단 서비스였지요. 물론 스마트폰도 없었고요. 그리고 보니 어느새 저도 옛 시절을 추억하기 바쁜 기성세대 행렬에 접어들고 말았군요.

그때에 비하면 지금은 모든 것이 빠르고 편리합니다. 요즘 젊은 친구들은 사랑 고백은 물론이고 심지어 이별 통보도 메일이나 문자, 카톡을 사용한다지요. 나름 편리한 점도 있겠지만 어쩐지 좀 삭막한 느낌도 듭니다.

아이러니한 것은 기술이 발전할수록 아날로그 감성을 자극하는 물건들이 인기를 끈다는 것인데요. 흑백 사진이나 옛 전축, LP판 같은 것들이 대표적이지요. 이메일 대신 직접 쓴 편지도 옛 정취를 느끼게 하고요.

저는 이따금 가족들에게 편지를 씁니다. 종이에 연필로 꾹꾹 눌러 쓴 '손편지' 말이지요. 말로는 쑥스러워서 전하지 못했던 얘기들도 글로 하면 어렵지 않습니다. '어젯밤에 엄마가 일하는 동안 동생 이 닦는 거 도와줘서 정말 고마워. 엄마는 우리 큰딸 덕분에 정말 든든하다'라고 쓴 쪽지를 아이의 책상 위에 올려 두면, 이튿날 아이의 얼굴에 뿌듯함이 넘칩니다. '엊그제 일찍 잠들었는데 일어나보니 말끔히 설거지를 해놔서 얼마나 고맙던지. 역시 믿을 사람은 남편밖에 없다니까'라고 적은 감사 편지를 남편의 코트 안주머니에 슬쩍 넣어두면 앞치마를 둘러맨 남편을 더욱 자주 볼 수 있지요. 매일 보는 가족 사이에 무슨 편지씩이나 하는 생각도 들겠지만 쓰려고만 하면 거리는 얼마든지 많습니다. 가까운 사이일수록 사랑을 표현하라고 하잖아요. 간단한 편지 쓰기로 사랑의 온도를 한 뼘 더 높일 수 있습니다.

편지 쓰기의 장점은 그뿐만이 아닙니다. 아이들에게 더할 나위 없는 글쓰기 교육이 된다는 것이지요. 글을 잘 쓰기 위해서는 되도록 많이 써보아야 합니다. 그러나 누구라도 목적 없이 글을 쓰기란 쉽지 않지요. 하지만 편지는 받는 사람, 즉 독자가 뚜렷하다는 특징이 있습니다. 따라서 글쓰기에 대한 동기부여와 성취감을 줄 수 있습니다.

가족 간에 편지 쓰기가 생활화되었다면 점차 대상을 넓혀봅니다. 실제로는 존재하지 않는 책 속 인물에게 편지를 써보는 것이지요.

　독서 후, 책 속 인물에게 몰입한 나머지 좀처럼 여운이 가시지 않았던 경험 있으시지요? 저 또한 어린 시절, 왕자의 사랑을 얻지 못해 물거품이 되어버린 인어공주가 가여워 한동안 슬픔에 잠겼던 기억이 있는데요. 이럴 때 책 속 인물에게 편지를 쓰는 것으로 그 감동을 이어갈 수 있습니다.

　만일 위인전을 읽었다면 등장인물에게 편지를 쓰는 것으로 감상문을 대신할 수 있습니다. 특히 위인전 속 주인공은 실제 역사 속에 존재했던 인물이므로 더욱 실감 나는 글쓰기가 가능하지요.

　누구나 글쓰기는 어렵습니다. 아무리 소문난 문장가라 해도 마찬가지입니다. 얼마 전 방송에서 만난 〈즐거운 편지〉의 황동규 시인은 "글쓰기는 기쁨이나 고통이다"라는 말로 글쓰기의 어려움을 토로했습니다. 모두가 인정하는 문필가에게도 글쓰기는 쉬운 일이 아니라는 말이지요. 글을 잘 쓰기 위해서는 어릴 때부터 짧은 글이라도 계속 써보는 것이 중요합니다. 독서록이나 일기처럼 검사를 맡기 위해 억지로 해야 하는 글보다 아이가 즐기며 신나게 할 수 있는 글쓰기를 통해 실력을 키워주면 어떨까요?

|가|족|이| |함|께| |쓰|는| | | | | | |
|독|서| |교|환|장| | | | | | | | | |

독서록, 형식을 과감히 깨자

독서록을 쓰는 것은 글쓰기 연습을 위한 것이기도 하지만 독서 현황을 점검하고 계획을 세우려는 목적도 있습니다. 만일 긴 글을 쓰는 것이 도저히 어려워서 쓸 때마다 스트레스를 받는다면 억지로 쓰는 것보다 짧은 형식으로 바꾸는 편이 나을 수 있기 때문이지요. 간단한 메모를 반복하며 쓰기를 습관화한 뒤 점차 호흡을 늘려 가는 방법도 좋습니다.

이때 부모도 아이와 함께 독서록을 쓰면서 아이를 독려할 수 있습니다. 아이의 독서록과 같은 양식을 이용해 날짜별로 읽은 책의 제목을 기록합니다. 여기에는 혼자 읽은 책뿐 아니라 아이와 함께 읽은 책도 표기합니다. 그리고 일주일, 혹은 열흘에 한 번씩 서로의 독서록을 교환해서 누가 더 많은 책을 읽었는지, 겨루어 볼 수도 있겠지요. 엄마가 아이에게, 혹은 아이가 엄마에게 재미있게 읽은 책을 추천한다면 더욱 좋습니다.

독서록

책이름		지은이	
출판사		읽은시기	
책소개			
저자소개			
줄거리			

| 예시 1 |

독서록

번호	읽은날짜	도서제목
1		
2		
3		
4		
5		
6		
7		
8		
9		
10		

| 예시 2 |

위의 양식은 초등학생들이 사용하는 가장 보편적인 독서록 양식입니다. '예시 1'은 책의 제목, 지은이, 읽은 날짜와 함께 줄거리, 책 소개, 저자 소개 등을 적습니다. 반면 '예시 2'는 앞선 것보다 훨씬 간단하지요.

아이가 독서록 쓰는 것에 부담을 느낀다면 '예시 1'보다는 '예시 2'형식이 좋습니다. 줄거리나 감상 등 긴 글 대신 책의 제목과 지은이, 읽은 날짜처럼 간단한 내용만 기록하게 하는 것이지요. 아이들은 한눈에 일목요연하게 정리된 독서 목록을 통해 자신의 관심 있는 분야를 파악할 수 있을 뿐 아니라 편독과 같은 잘못된 독서 습관도 고칠 수 있습니다.

무엇이든 시작은 쉽지 않습니다. 독서록 역시 첫 장을 채우는 게 가장 어렵습니다. 그러나 엄마의 독려를 발판 삼아 매일 차곡차곡 늘어나는 기록장을 통해 성취의 기쁨을 느끼게 될 것입니다.

생활 속 글쓰기 습관

보통의 가정이 그렇듯, 저희 집 두 꼬마도 종종 싸움을 벌입니다. 다툼은 대개 동생의 말도 안 되는 생떼로부터 시작되지만, 엄마인 저는 큰아이부터 나무랄 때가 많습니다. "네가 언니니까 양보해야지", "쟤는 아직 어려서 아무것도 몰라"라는 말로 고작 네 살 많은 아이에게 언니 역할을 강조하곤 하지요. 그럴 때면 큰아이는 동생만 감싸고 돈다며 서운함을 토로합니다.

저는 이럴 때, 아이에게 글쓰기를 제안하는데요. 글쓰기는 논리와 사고를 키워주는 효과뿐 아니라 사람의 마음을 치유하는 힘도 있기 때문입니다. 화해의 글쓰기를 시도할 때에는 몇 가지 질문을 주고 답을 유도하는데요. 내용은 다음과 같습니다.

글을 다 쓴 뒤에는 서로 바꾸어 읽어보는데요. 가끔 아이에 대해 미처 몰랐던 사실을 알게 되어 놀라곤 합니다. 아이는 네 살 어린 동생에게 나름대로 많은 부분을 양보하고 있었는데, 어른들이 몰라준다는 생각에 무척 서운했던 모양입니다. 아이의 마음을 알게 되자 미안함이 사무치더군요. 큰아이라는 이유로 무조건 양보를 강요했던 제 모습을 반성하게 되었습니다. 아이 역시 엄마의 글을 읽고 엄마가 자신을 얼마나 사랑하고 믿어주는지 알게 되어 마음이 조금 풀렸고요.

책을 읽어야만 글을 쓸 수 있는 것은 아닙니다. 생활 속에서 쓰기의 소재는 무궁무진합니다. 이오덕 선생님은 '좋은 글쓰기 교육이란 삶이 있는 글, 실제로 행동한 글'이라는 말로, 글쓰기의 생활화를 주장하기도 했지요. 글쓰기를 숙제로 내기 위해 억지로 쓰는 독후감보다 생활 속에서 겪은 일들에 대해 쓰는 글이 훨씬 더 즐겁고 재미있기 때문이지요. 글쓰기를 생활 속으로 끌어오세요. 글쓰기에 연습만큼 좋은 방법은 없습니다.

최소 3명의 독자를 확보하라

몇 년 전 EBS에서 흥미로운 다큐멘터리를 방영했습니다. 〈인간의 두 얼굴〉이라는 제목의 이 다큐멘터리에서는 인간이 얼마나 환경(상황)에 영향을 받는지 알아보는 내용을 담았는데요. 실험 과정은 이렇습니다.

사람들에게 자신의 이마에 알파벳 E를 써보게 합니다. 어떤 이들은 상대방이 보는 방향을 고려해 반대 방향으로 E를 썼고요. 어떤 이들은 본인이 보는 방향대로 E를 썼습니다. 두 가지의 경우 중 어떻게 쓴 사람들이 더 많았을까요? 상대가 알아보기 쉽게 쓴 사람이 본인의 방향대로 쓴 사람보다 7:3의 비율로 높게 나타났습니다. 이는 공적 자기의식이 높은 사람, 즉 다른 이들을 의식하는 사람의 비율이 그렇지 않은 사람보다 훨씬 더 많다는 것을 나타낸다고 전문가들은 분석했습니다.

저 역시 매일 카메라 앞에 설 때마다 화면 밖의 시청자들을 의식합니다. 혹시 무심히 던지는 말이나 행동이 시청자들에게 불편함을 주지는 않을지, 항상 조심스럽기 때문입니다.

글쓰기 역시 말하기와 다르지 않습니다. 혼자 보는 글과 남이 볼 것을 염두에 두고 쓴 글은 분명 차이가 있습니다. 우리는 개인의 SNS에 적는 단 몇 줄짜리 문장도 여러 차례 읽고 고치기를 반복하지요. 혹시 문장에 어색한 곳은 없는지, 맞춤법이 틀린 곳은 없는지 꼼꼼히 살핍니다.

유명 작가들 또한 마찬가지입니다. 《샬롯의 거미줄》을 쓴 미국 작가 엘윈 브룩스 화이트는 "위대한 글쓰기는 존재하지 않는다. 오직 위대한 고쳐쓰기만이 존재할 뿐이다"라는 말로 글쓰기의 어려움을 표현했습니다. 우리나라 최초로 남과 북의 이데올로기에 대해 비판적 내용을 담은 소설《광장》을 쓴 최인훈 작가는 이 소설이 초판으로 나온 뒤 50년 동안 무려 열 번의 개작을 거듭한 것으로 유명하지요. 소설이나 SNS의 글 모두 독자를 염두에 두고 씁니다. 아무도 읽지 않는 글이라면 굳이 몇 번씩 고쳐 쓸 이유가 없겠지요.

더구나 유아에서 초등 시기의 아이들은 인정받으려는 욕구가 높을 때입니다. 그러므로 적절한 칭찬과 격려는 자신감을 심어줄 수 있지요. 아이들의 글쓰기에 가능한 한 많은 독자가 필요한 것도 이 때문입니다. 보통 아이들에게 글을 쓰라고 해놓고, 정작 읽어보지는 않는 부모님들이 많으신데요. 아이들 역시 아무도 읽지 않는 글은 대강 쓰기 마련입니다. 아이들이 쓰는 글을 매번 읽고 그에 대해 칭찬한다면 더 자주 쓰고, 잘 쓰고 싶어지지 않을까요?

가장 좋은 방법은 아이와 엄마, 아빠가 한 가지 주제에 대해 함께 글을 쓰고 이를 서로 돌려보는 것입니다. 반드시 책에 대한 내용이 아니어도 좋습니다. 함께 영화를 본 뒤 각자 가장 기억에 남는 장면을 써볼 수도 있고요. 여행을 다녀온 뒤 감상을 쓰는 것도 좋겠지요. 생일에 받고 싶은 선물이나 주말에 먹고 싶은 음식, 내가 아는 가장 웃긴 이야기에 대한 글도 무방합니다. 처음에는 가능한 한 쉽고, 재미있고, 말로 표현하기 쉬운 주제를 선택해야 합니다. 처음부터 무겁고 지루한 주제로 글을 쓰기 시작한다면 아이는 다시는 글을 쓰고 싶어 하지 않을 수도 있으니까요.

아이의 글을 읽으면 미처 알지 못했던 아이의 생각을 알게 된다는 이점도 있습니다. 아이의 심리에 대한 상담을 전문적으로 하는 기관에서는 글과 그림을 통해 아이의 감정 상태를 파악하고 해결 방안을 찾기도 하지요. 딱히 겉으로 문제가 없는 아이라 해도 마음 깊은 곳에 말로 할 수 없는 고민이 있을 수 있는데 이것을 글로 표현하게 하고 부모가 읽는다면 더없이 좋은 소통의 방법이 될 수 있음은 물론입니다.

종	이		사	전	과									
친	해	지	기											

어휘력을 높이는 국어사전 활용법

"그러니까 왜 있잖아, 그거. 내가 뭐 말하는지 말 안 해도 알잖아? 어? 이해하지?"

"진심으로 모르겠어요."

"아, 나 참. 어이가 없네."

"네, 정말 '어휘'가 없네요."

최근 직장인들의 애환을 만화로 그려 SNS에서 높은 인기를 끌고 있는 양치기(양경수) 작가의 그림 속 대사입니다. 그림 속에는 직장 상사인 듯 보이는 이가 부하 직원을 불러 무언가를 다급하게 이야기합니다. 아마도 업무 관련한 지시를 내리는 듯한데, 위의 대사만 보면 대체 무슨 말을 하려는 것인지 도무지 알아들을 수가 없지요.

대한민국에서 태어나 수십 년간 우리말을 하고 읽고 써왔건만, 어떤 말을 하려고 할 때 적당한 단어가 떠오르지 않아 망설인 경험, 아마 다들 한 번쯤 있으실 겁니다. 말을 잘하는 사람들의 특징 중 하나는 어휘가 풍부하다는 것입니다. 이는 글을 잘 쓰는 사람도 마찬가지입니다. 대학생의 리포트, 직장인의 보고서뿐 아니라 SNS에 적는 짧은 글조차 같은 표현이 여러 번 반복되면 지루한 느낌이 듭니다. 특히 우리말은 같은 뜻을 가진 단어라도 무척 표현이 다양한데요. 외국인들이 우리말을 배울 때 하나 같이 어려움을 호소하는 것도 무리가 아닙니다. '죽었다'는 말을 한번 예로 들어볼까요. '돌아가셨다', '세상을 떠났다', '하직했다', '별세했다', '영면에 들다' 등 한둘이 아니지요?

그렇다면 어휘력을 높이려면 어떻게 해야 할까요? 첫째는 책을 많이 읽어야 합니다. 책을 통해 다양한 어휘를 자연스럽게 터득하는 방법입니다. 그러나 이제 막 말과 글을 배우기 시작한 아이들이라면 단지 책을 읽는 것만으로는 부족합니다. 특히 우리말은 한자어가 많지요. 아이가 초등학교 2, 3학년 정도가 되면 부쩍 한자의 뜻을 묻는 일이 잦아집니다. 그럴 때마다 한자 각각의 뜻을 알려주며 설명하고 있자면, 한자 학습지라도 시킬까, 하는 생각이 절로 들지요.

이때 한자와 어휘력을 동시에 높이는 가장 좋은 방법은 '국어사전'을 이용하는 것입니다. '스마트폰만 켜면 금세 해결되는 시대에 무슨 국어사전?'

이렇게 생각하시는 분들 계시지요? 물론 전자사전이나 스마트폰이 훨씬 빠르고 편리합니다. 하지만 아이들이 전자기기를 사용하는 시기는 조금 늦추어도 좋지 않을까 합니다. 더구나 인터넷으로 어휘를 찾으면 그 단어에 대한 정보만 얻을 수 있는 데 반해, 종이 사전의 경우 앞뒤에 위치한 다른 낱말들도 함께 볼 수 있다는 장점이 있습니다. 예를 들어 '물체'라는 단어를 찾는다고 가정해 볼까요. '물체'라는 낱말 앞에는 '물질'과 '물집'이, 뒤에는 '물총'이라는 단어가 자리합니다. 본래 궁금했던 낱말의 뜻 외에 비슷한 글자의 뜻과 쓰임까지 알 수 있습니다.

게다가 요즘 국어사전은 예전과 달리 훨씬 가볍고 색상이 다채롭습니다. 특히 초등학생을 위한 국어사전은 출판사별로 무척 다양해 취향대로 선택할 수 있습니다. 또한, 국어사전은 형제에게 물려받는 것보다 최신판으로 사는 것이 좋은데요. 맞춤법도 시대에 따라 바뀌기 때문이지요. 따라서 최소 3년 이내에 출간한 사전을 구비하는 것이 좋다는 점도 참고하시기 바랍니다.

국어사전 찾는 법

국어사전, 혹시 제대로 사용하는 방법 알고 계시나요? 모르는 단어가 있더라도 인터넷 사전을 통해 손쉽고 빠르게 검색할 수 있다 보니 종이 사전을 이용할 일이 거의 없어서 아마 사용 방법도 가물가물하실 텐데요. 아이들에게 국어사전을 찾는 방법 알려주실 때 참고하시기 바랍니다.

1 낱말의 모양이 바뀌지 않는 경우, 그 낱말의 모양대로 찾는다.

[예] 하늘, 땅, 여기, 하나, 새, 헌, 일찍, 앗 등

2 낱말의 모양이 바뀔 경우, 기본형으로 찾는다.

[예] 가고, 가니, 가서→가다 | 높고, 높으니, 높아서→높다

3 낱말의 짜임을 알아본다.

[예] '개념'이라는 낱말의 짜임 : ㄱ, ㅐ / ㄴ, ㅕ, ㅁ

첫째 글자와 둘째 글자의 첫소리, 가운뎃소리, 끝소리의 순서로 찾는다.

단어장 만들기로 한자 공부까지

학창 시절, 모르는 단어가 나올 때마다 사전을 찾아 단어의 뜻과 발음을 적어 기록하는 '영어단어장', 만들어 보셨지요? 우리말도 외국어를 배울 때와 같이 단어장을 만들어 보면 어떨까요. 책이나 신문을 읽을 때 혹은 TV를 보다가 낯선 단어가 등장하면 사전을 찾아 그 뜻을 단어장에 옮겨 적는 겁니다. 새롭게 알게 된 낱말을 이용해 짧은 예문을 만들거나 시를 써본다면 더욱 좋겠지요. 한 단어 한 단어 꾸준히 적어 나가다 보면 어느새 자신만의 사전이 완성됩니다.

　　단어장을 만들면 얻는 효과 중 또 하나는 '한자 실력'입니다. 요즘 초등학생 학부모를 중심으로 한자 교육에 대한 관심이 뜨거운데요. 교육부가 2019년부터 초등 5, 6학년 교과에 한자를 함께 표기한다고 발표하면서 사교

육 시장도 들썩이는 추세입니다. 한자 교육에 대해서는 교육계에서도 친반 논란이 뜨거운데요. 한자 교육에 찬성하는 쪽에서는 우리말 중 한자어가 많다는 것을 근거로 듭니다. 그러나 이제 막 한글을 배우는 아이들에게 가뜩이나 어려운 한자까지 배우게 하는 건 지나치다는 의견도 있지요. 하지만 굳이 따로 시간을 내지 않더라도 사전을 활용해 자신만의 단어장을 만들면 훌륭한 한자 공부가 됩니다. '수로水路'라는 낱말을 예로 들어볼까요. 국어사전에서 수로의 뜻을 찾아봅니다. '수로'는 물길이라는 뜻이며, 이는 한자어라는 것을 알 수 있지요. '물 수水', '길 로路'라는 한자의 생김도 알게 되고요.

다시 말해 우리말에 한자어가 많으므로 한자를 따로 배우는 게 아니라, 사전을 통해 우리말의 뜻을 찾다 보면 자연히 한자도 익히게 된다는 겁니다. 모르는 어휘가 나타났을 때 어른들에게 묻거나 인터넷을 검색해 알게 되는 것과 입으로 계속 낱말을 되뇌며 사전을 찾고 그것을 단어장에 옮겨 적는 것은 큰 차이가 있지요. 쉽게 얻은 것은 빨리 잊히지만 어렵게 얻은 사실은 좀 더 오래 기억할 수 있기 마련입니다. 더구나 누가 알려준 것이 아니라 스스로의 노력에 의해 깨친 정보는 더욱 오랜 시간 머릿속에 남고요. 단어장 만들기로 우리말뿐 아니라 한자까지, 그야말로 한 번에 두 마리 토끼를 잡을 수 있습니다.

사전을 이용한 이어 말하기 게임

끝말잇기는 가장 널리 알려진 말 게임입니다. 여러 사람이 둘러앉아 한 사람이 하나의 낱말을 말하면 다음 사람이 그 말의 마지막 음절을 시작으로 새로운 낱말을 이어가는 게임인데요. 이 게임은 어휘가 폭발적으로 늘어나는 지금 시기의 아이들에게 교육 효과가 큽니다. 그런데 끝말잇기를 할 때 단순히 음절을 이어가는 것이 아니라 다양한 방법으로 활용할 수 있는데요. 끝말잇기의 음절 수를 제한하는 방법이 바로 대표적입니다.

두 음절로 된 끝말잇기

보물 - 물건 - 건조 - 조기 - 기차 - 차고 - 고장 - 장소…

세 음절로 된 끝말잇기

보자기 - 기찻길 - 길동무 - 무김치 - 치명상 - 상갓집…

끝말잇기 게임은 어휘를 많이 알수록 유리합니다. 즉, 같은 나이라 해도 책을 많이 읽었거나 사전을 사용한 아이들이 더 잘하기 마련이지요. 특히 사전에는 다양한 어휘와 단어들이 총망라되어 있으므로 끝말잇기에 큰 도움이 됩니다. 반대로 이 게임을 통해 자연스레 사전 이용법을 익힐 수도 있는데요. 만일 게임 도중 적당한 낱말을 찾아내지 못하면 해당 음절로 시작하는 단어를 찾아보면 됩니다.

'사자성어 이어 말하기' 역시 끝말잇기와 비슷한 어휘력 게임인데요.

끝말잇기와 마찬가지로 여럿이 순서대로 돌아가며 사자성어를 말하는 방법입니다. 만일 난도를 높이려면 사자성어를 말할 때 적당한 예시를 들도록 합니다. 아이가 사자성어의 뜻을 정확히 알고 있는지 파악할 수 있지요.

사자성어 이어 말하기

일거양득 | 도서관에 책을 보러 갔는데, 음악회를 하고 있어서 책도 보고 음악도 듣고 '일거양득'이었어.

과유불급 | 저녁을 먹고 야식을 먹으면 '과유불급'이야, 건강에 좋지 않아.

구사일생 | 오늘 학교에서 피구를 했는데 '구상일생'으로 살아남았지!

⋮

| 느 | 리 | 게 | | 읽 | 기 | , | | | | | | | | | |

| 필 | 사 | 의 | | 힘 | | | | | | | | | | | |

필사로 끝내는 집중력 훈련

요즘 '필사'가 또 다른 형태의 독서법으로 주목받고 있습니다. 책 속의 좋은 문장 혹은 전체를 한 글자 한 글자 종이에 옮겨 쓰며 마음속 깊이 새기는 방법인데요. 매 순간 쫓기듯 바쁘게 사는 현대인들과 책을 베껴 쓰는 행위는 왠지 모순처럼 느껴지지만 알고 보면 이처럼 잘 어울리는 조합도 없습니다. 요즘 사람들은 손글씨 쓸 일이 거의 없지요. 보고서는 컴퓨터 자판으로 대신하고 안부를 물을 때도 주로 문자나 이메일을 이용하니까요. 펜을 쥐고 글을 베껴 쓰는 필사는 바쁜 현대인들에게 느리게 쉬어가는 여유를 선물해줍니다.

필사는 아이들에게도 무척 좋은데요. 필사는 '가장 느린 독서법'이라는 김영하 작가의 표현처럼 아이들은 필사를 통해 천천히 꼼꼼히 읽는 독서를 경험할 수 있습니다. 필사를 예찬한 이들은 이뿐만 아닙니다. 조선 시대 대표적인 문장가이자 학자인 이덕무는 '눈으로 보고 입으로 읽는 것이 손으로 쓰는 것만 못하다. 대체로 손이 움직이면 마음이 반드시 따라가기 마련이다. 스무 번을 보고 외운다 해도 한 차례 베껴 써보는 효과와 같지 못하다'라고 했습니다. 눈으로만 읽는 것보다는 입으로 소리 내어 읽는 것이 좋으며, 그보다 더 좋은 것은 손으로 베껴 쓰는 방법이란 뜻이지요.

또한 아이들은 필사를 통해 맞춤법도 깨우칩니다. 글씨 연습도 가능하지요. 초등학교 저학년의 경우 연필을 쥐는 힘이 세지 않기 때문에 곧고 바른 글쓰기가 쉽지 않습니다. 이때 좋은 글을 베껴 쓰면서 필력과 독서의 효과를 동시에 잡을 수 있습니다.

그러나 필사로 얻을 수 있는 가장 큰 효과는 역시 '집중'과 '몰입'입니다. 우리가 어떤 글을 그대로 따라 쓰려면 읽고 쓰는 행위에 온전히 집중할 수밖에 없지요. 하루 몇 장씩 꾸준히 필사를 이어간다면 집중력도 자연히 늘어납니다. 흔히 공부는 '엉덩이 힘', 한 자리에 오래 앉아 버티는 능력이 크다고 하는데요. 책상에 앉아 있는 시간이 아무리 길다고 한들 머릿속에 딴생각이 가득해 집중하지 않으면 무슨 소용이 있을까요? 집중력 역시 단기간에 갑자기 만들어지는 것이 아니므로 어릴 때부터 훈련이 필요한데, 필사는 이를 늘리는 가장 좋은 방법입니다.

호흡이 짧은 문장부터 베껴 쓰자

그럼 어떤 책을 옮겨 적어야 할까요? 아이들이 베껴 쓰는 책은 호흡이 짧고 간결한 문장일수록 좋겠지요. 저는 짧은 명문장을 모아놓은 책을 추천합니다. 명심보감이나 탈무드, 이솝 우화처럼 교훈을 주는 내용이라면 일거양득입니다.

인문고전이나 동화책을 베껴 쓰는 것도 나쁘지 않습니다. 다만 글의 양이 많기 때문에 처음부터 끝까지 쓰기보다는 인상적인 부분이나 좋아하는 대목을 발췌해 씁니다. 목표를 지나치게 높게 잡으면 성공하기 어렵고, 그러다 보면 금세 지겨워져서 포기하기 쉽지요. 처음부터 실천 가능한 만큼만 정하고, 기한 내에 끝마쳐야 성취감을 높일 수 있습니다. 다시 한 번 강조하지만, 이맘때 아이들이 꾸준히 읽고 쓰기란 절대 쉽지 않습니다. 그 때문에 가능한 목표는 짧고 성취는 높게 잡되, 꾸준히 길게 할 수 있도록 적절히 조절하는 기술이 필요하지요.

필사는 줄공책보다는 네모 칸 공책에 하는 것이 더 좋습니다. 네모 칸에 글자를 맞추어 쓰면서 예쁘게 글씨를 쓰는 연습을 할 수 있고, 띄어쓰기도 익힐 수 있기 때문이지요.

필사 역시 부모가 함께하면 더욱 좋습니다. 이 시기의 아이들은 혼자 하기가 쉽지 않습니다. 부모의 열 마디 잔소리보다 그저 함께하는 것만으로도 아이는 큰 격려와 응원을 받습니다. 주말에 한 번, 삼십 분의 짬을 내서 각자의 책을 필사하는 시간을 가져보면 어떨까요. 어쩌다 한 번에 그치지 않고, 꾸준히 반복하겠다는 마음을 먹었다면 이미 반은 성공한 셈입니다.

우리 아이 작가 만들기

"어떻게 하면 아이들에게 그림책을 더욱 잘 읽어줄 수 있나요?"라는 질문을 종종 받습니다. 책을 읽어주는 데 무슨 방법씩이나, 하는 분들도 계시겠지만 어떤 책이냐에 따라 효과적인 낭독법이 있습니다.

먼저 그림책은 그림과 글이 함께 어우러진 책이므로 그림과 글 모두 충분히 즐길 수 있도록 속도를 조절하는 게 가장 중요합니다. 엄마가 글을 읽는 속도에 아이가 맞추는 것이 아니라 아이의 속도에 부모가 맞추는 것이지요. 그러므로 가능한 한 천천히, 느긋하게 책장을 넘기도록 합니다.

만일 아이가 책 읽기를 좋아하지 않는다면 직접 만들어 보는 건 어떨까요? 책과 친하지 않은 아이라도 직접 캐릭터를 만들고 이야기를 지어내는 일은 아마 흥미 있어 할 겁니다. 더구나 책을 만들기 위해서는 일단 책이 어떻게 구성되어 있는지 알아야 하므로 자연스럽게 독서를 유도할 수 있지요.

그림책 만들기 순서

1 글감 잡기

작가가 되어보기로 마음먹었다면 가장 먼저 무엇을 해야 할까요? 어떤 내용을 쓸지, 글감을 정해야겠지요. 글감의 종류는 무궁무진합니다. 가족 간의 사랑, 꿈과 희망, 친구와의 우정, 우주의 신비함, 물의 소중함 등 아이들의 머릿속 상상의 공간은 한도가 없습니다. 만일 아이가 글감을 잡기 어려워한다면, "동생에게 혹은 친구에게 마음대로 이야기를 지어서 들려준다면, 어떤 얘기를 하고 싶니?"라고 물어보세요.

2   등장인물 정하기

글감을 정했다면 다음은 등장인물들의 캐릭터를 만들 차례입니다. 공룡, 햄스터, 강아지, 고양이 등 동물도 좋고요. 나무, 꽃 등 식물도 좋습니다. 물론 사람도 가능하지만, 사물이나 동물이 표현하기 쉽고 편하겠지요?

3   캐릭터 그림 그리기

이제는 구체적으로 그림을 그려봅니다. 우선 A4용지 몇 장에 스케치합니다. 이때 모티브가 된 캐릭터의 모델 사진이나 그림을 참고해서 그리면 더 좋은데요. 만일 햄스터를 그리기로 했더라도 실제로 이를 그려내는 건 쉽지 않기 때문이지요. 인터넷이나 책 등에서 그리기로 한 동물(사물)을 캐릭터화한 그림이나 사진을 바탕으로 자신만의 상상력을 더해 캐릭터를 만듭니다.

4   스토리보드 작성

자, 등장인물의 캐릭터가 완성되었다면 이제는 더욱 구체적인 이야기를 만들어야겠지요. 주인공과 주변 인물들을 중심으로 '스토리보드'를 만듭니다. '주인공이 어떤 사건을 통해 무엇을 느꼈는가?'를 뼈대로 점차 살을 붙이는 단계입니다.

여기서 잠깐, 참고로 큰아이가 초등학교 1학년 때 만들어낸 그림책 이야기를 소개해 볼까요. 총 다섯 페이지짜리 짧은 그림책인데요. 주인공은 사과입니다.

사과는 자신의 얼굴색이 빨간 것이 영 마음에 들지 않습니다. 그래서 친구인 바나나와 귤에게 "나는 왜 이렇게 얼굴이 빨갛지? 늘 부끄러워하는 것처럼 보이고, 화난 것 같잖아"라며 불만을 토로합니다. 그때 곁에서 이야기를 듣고 있던 바나나와 귤이 문득 길가에 피어 있는 빨간 장미를 발견합니다. 과일 친구들은 사과에게 빨간 장미의 아름다움을 찬양하고 부러워하지요. 그 덕분에 사과는 빨간빛 얼굴도 아름다울 수 있다는 것을 깨닫습니다. 그 뒤로 다시는 자기 얼굴에 불만을 느끼지 않게 되었다는 이야기입니다.

무척 단순하지만, 아이다운 발상이 느껴지는 내용이지요? 아이들과 이야기를 나누다 보면 종종 "어쩜, 저런 생각을 할 수 있지?" 하는 생각이 들 때가 많은데요. 아이들의 엉뚱함은 곧 창의력과 연결됩니다. 상상의 나래를 마음껏 펼치도록 유도해주세요.

5 섬네일 스케치

이번에는 A4 용지에 작은 그림들을 그려가며 스케치 작업을 할 차례입니다. 4장의 종이를 반으로 접어 총 8페이지를 만들고 장마다 스케치를 합니다. 스케치를 한 뒤에는 글도 적습니다. 글은 페이지당 한두 줄 정도로 길지 않아도 좋습니다. 여러 번 연필로 쓰고 지우고를 반복하며 올바른 문장 만드는 법을 배울 수 있지요. 만일 아이들의 문장이 어색하다면 부모님께서 고쳐주시면 됩니다. 맞춤법도 손보아 주시고요. 이제 슬슬 그림책의 모습이 갖추어지지요? 덩달아 아이들의 기대감도 커집니다.

6 더미북 만들기

더미북은 다른 말로 초안과 비슷한 뜻인데요. 진짜 책이 나오기 전 샘플로 단계 정도로 생각하면 됩니다. 앞서 연필로 스케치한 그림들을 새 종이에 옮기고 색을 입힙니다. 색연필, 사인펜 등을 이용해서 알록달록 예쁘게 색칠하고 글도 씁니다.

7 책의 표지 만들기

샘플북이 만들어졌다면 책의 표지를 만드는 일이 남았습니다. 이 또한 몹시 중요한 작업입니다. 기존 그림책들은 표지를 어떻게 만들었는지 조사합니다. 글씨체와 배열에 대해서도 고민해 봐야겠지요. 책의 느낌을 가장 잘 살릴 수 있는 표지 그림을 그리고 제목도 정해 적어 넣습니다.

8 인쇄

표지까지 만들었다면 거의 완성입니다. 인쇄만 하면 나만의 그림책이 만들어지는데요. 인터넷에 '그림책 만들기'를 찾으면, 다양한 제본 업체가 검색됩니다. 판매되는 책처럼 하드커버를 씌워 컬러 인쇄까지 하는 곳들도 여럿 있습니다. 한 권도 제작이 가능하지만 두세 권쯤 여유

있게 만들어서 친척이나 친구에게 선물하는 것도 좋겠지요. 비용이나 절차가 부담된다면 표지만 컬러 인쇄하고 나머지는 내지에 그림을 붙여 수제 그림책처럼 완성하는 방법도 있습니다. A4 용지의 겹친 면은 양면테이프로 깔끔하게 붙이고요. 종이 재단기로 사방 면을 잘라내면 더욱 깔끔합니다. 재단기가 없으면 없는 대로, 긴 자를 대고 칼로 깔끔하게 잘라주면 되고요.

자, 이렇게 자신만의 그림책을 만들면 아이들은 큰 성취감을 느낍니다. 아마 자기가 만든 책을 닳도록 읽고, 여기저기 가지고 다니며 자랑하고 싶어 할 겁니다. 우리가 쉽게 접하고 읽는 책들이 실은 작가의 수많은 고민과 노력으로 만들어졌다는 것을 알게 되어 책의 소중함을 느낄 수 있습니다.

좋은 책을 읽는 것은 과거의
가장 훌륭한 사람들과
대화를 나누는 것과 같다.

데카르트 Descartes

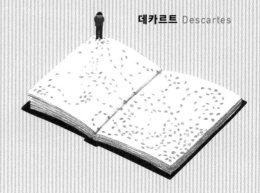

읽기 타이밍 선점하면
아이의 인생이 달라진다

스스로 책 읽는 아이는 없다

독서 교육에 대한 책을 쓴다고 했을 때, 누군가 이렇게 말했습니다.

"독서 교육? 그거 뻔한 거 아니야? 책 많이 읽으면 좋은 거 누가 모르나? 정작 애들이 책을 안 읽는데 무슨 방법이 있겠어?"

과연 유초등 아이 중 스스로 책을 집어 드는 아이가 얼마나 될까요? 일단 이 시기의 아이들은 한 자리에 오래 앉아 있는 것을 그다지 좋아하지 않습니다. 항상 새로운 것에 호기심을 가지며 에너지가 넘칩니다. 글자를 읽고 쓰는 것보다 몸을 움직여 노는 것을 더 좋아하고요. 이맘때 아이들이 책을 좋아하지 않는 것은 어찌 보면 너무나 당연한 일입니다.

자녀의 올바른 독서 습관을 위해 부모의 관심과 지도가 필요한 건 바로 이런 이유 때문입니다. 물론 쉬운 일은 아닙니다. 부모가 아이를 위해 신경써야 할 것이 좀 많은가요? 먹이고 입히고 씻기는 기본적인 일부터 시작해 어린이집이나 학교에서 별문제는 없는지, 교우 관계는 어떤지, 꼼꼼하게 살피고 챙겨야 하니 말이지요. 그뿐인가요? 요즘은 취학 전부터 배워야 할 것들이 한두 개가 아닙니다. 피아노, 태권도와 같은 예체능은 말할 것도 없고 영어, 사고력 수학, 한자 등 어느 학원을 보내고 어떤 학습지를 시켜야 하나 고민하다 보면 내가 이러려고 부모가 되었나, 자괴감마저 듭니다.

공부의 기본은 읽기, 쓰기, 말하기

하지만 이 시기 아이들에게 가장 필요한 것은 수학도 영어도 아닌 바로 독서, 책을 읽는 것입니다. 《7번 읽기 공부법》의 야마구치 마유는 각종 시험에서 좋은 성적을 내는 공부의 비결로 단연 '읽기'를 꼽습니다. 카를로 콜로디의 동화 《피노키오》의 주인공 피노키오 역시 밤마다 책을 읽고, 글을 써서 진짜 사람이 됐지요.

공부의 기본이 읽고 쓰는 것이라는 데 이의를 다는 분은 없을 텐데요. 저는 여기에 한 가지 더, 말하기를 추가했습니다. 특히 아직 글자를 읽고 쓰는 데 익숙지 않은 아이들은 말하기를 통해 독서와 쓰기 연습까지 연결할 수 있습니다. 더구나 요즘 시대에 말을 잘하는 능력은 분야를 막론하고 중요한 경쟁력입니다. 말을 잘하기 위해서는 역시 많이 읽어야 하고요.

6세부터 13세, 아이의 미래를 바꾼다

부모라면 누구나 내 아이가 행복해지기를 바랍니다. 행복한 삶을 위해 필요한 것은 무엇일까요? 세상을 향한 올바른 시선과 성실한 태도, 즐겁게 할 수 있는 일을 찾는 것 등이 아닐까요? 그 해답은 모두 책 속에 있습니다. 지식과 정보를 얻는 것부터 미지의 공간을 상상하는 힘, 새로운 것을 만들어내는 창의력과 미래에 대한 꿈까지 이 모든 것을 책을 통해 발견하고 쌓아갈 수 있습니다.

우리 아이 독서 교육을 위해 가장 먼저 해야 할 일은 무엇일까요? 첫째는 '목표'를 세우는 일입니다. 일단 아주 소박하게요. 매일 함께 책을 읽기가 어렵다면 일주일에 한 번 10분씩, 당장 실천할 수 있는 것부터 시작해 보세요. 혹시 결심이 무너지는 순간에는 이렇게 생각하면 어떨까요? '지금 바로 이 순간이 내 아이의 미래를 바꿀 수 있다'라고요. 아이와 함께 책을 읽는 시기는 길게 잡아도 6세부터 13세까지에 불과합니다. 아이의 평생을 위해 투자할 만하지 않은가요? 이 책이 우리 부모님들이 자녀 사랑을 실천하는 데 작은 도움이 되기를 간절히 바랍니다.

취학 전 어린이에게 너무 일찍 영어 몰입 교육을 시킨 나머지 국어 교육에 소홀해 장기적으로 낭패를 겪는 일을 수도 없이 보아왔다. 한글책 읽기 교육은 가정에서 부모가 보여주고 이끌어주는 것이 큰 비중을 차지한다. 한글책을 훑어 읽고 마는 습관은 영어로 된 책을 읽을 때도 전이되기 쉽다. 그렇게 되면 모국어보다 훨씬 낮은 수준의 외국어로 된 책을 읽는 것에도 정확하게 내용을 파악하기 어려우니 자신감 저하로 연결되고 만다. 굳이 영어 교육이 아니라도 국어 읽기 교육은 일상에서 가장 중요한 이해와 소통의 문제와도 깊은 관련이 있다. 제대로 읽고 이해할 수 있는 시간을 주고 그것을 습관화하기 위해 과연 부모님은 무엇을 해주고, 무엇을 하지 말아야 할지 조곤조곤 알려주는 본 책의 일독을 권한다.

- 영어 교육 전문가 이보영 박사

아나운서이자 엄마인 저자는 읽기가 언어생활 전반에 주는 영향에 대해서 담담하지만 탁월한 시선으로 이야기하고 있다. 단순히 독서를 권하는 책이 아니라 읽기를 통한 말하기, 쓰기의 연결을 강조하는 관점은 자녀의 독서 교육

뿐 아니라 언어와 사회성 발달에 관심 있는 부모들에게 많은 도움이 될 것이다. 또한, 현직에서 많은 저자와 인터뷰하고 책을 읽고 그 내용과 경험을 활용한 면이 인상적이다. 특히 책을 읽고 나서 하는 독후 활동은 아나운서의 경험을 십분 살리면서도 누구나 따라 할 수 있는 제안들을 담고 있어 실제 활용도도 아주 높다. 학원에 의존하지 않고 읽기 교육을 제대로 하고 싶은 엄마들의 일독을 권한다.

- SBS 〈영재발굴단〉 자문위원, 공부두뇌연구원 노규식 원장

요즘은 독서가 얼마나 중요한지 누구나 알고 있습니다. 하지만 어떻게 아이에게 책을 통해서 읽기, 쓰기, 말하기를 접근시켜야 하는지 방법을 제시하는 책은 흔하지 않지요. 김보영 아나운서의 책은 그 방법에 대한 단순하고 명쾌한 해결책을 제시해주고 있습니다. 독서와 공부에 관한 얕은 테크닉을 뽐내는 게 아니라 본질적으로 엄마와 아이가 함께 성장할 접근 방법을 알려줍니다. 게다가 이 책은 다각적이고 폭넓은 시각으로 접근하였기에 내용이 아주 흥미로우면서도 이해가 쏙쏙 되는 쉬운 글로 표현이 되었습니다. 자녀를 키우고 있는 대한민국의 많은 부모가 더 이상의 에너지와 시간을 헛되이 소비하지 않고 김보영 아나운서의 책을 통해 우리 아이의 읽기, 쓰기, 말하기를 튼튼하게 잡아줄 방법을 터득하시기 바랍니다.

- 기적의육아연구소장 우성맘 이성원 작가

첫째 아이가 태어나던 날 집에서 TV 선을 뽑았습니다. 책과 가까운 아이로 키우고 싶었고 그러려면 부모부터 TV를 끊어야 한다고 생각했기 때문입니다. 그 노력 덕분인지 올해 7살, 5살이 된 두 아이는 책 읽기를 즐깁니다. 내년에 첫째 아이의 초등학교 입학을 앞두고 어떻게 하면 아이들의 독서 습관을 제대로 잡아줄지 고민했습니다. 발표력과 표현력에도 직접적인 영향을 주는 독서 습관, 이 책에서 답을 찾았습니다. 이제 우리집은 다 같이 모여 '북토크' 시간을 갖고 독서판을 기록합니다. 이 책과 함께라면 더 많은 가족이 '책가족'으로 성장할 수 있을 겁니다.

- 《나는 워킹맘입니다》 저자 '틈틈이' 김아연 작가

책을 좋아하는 아이는 모든 부모의 로망입니다. 저 또한 그랬습니다. 시간이 날 때마다 도서관에 데려가고 책을 장난감 삼아 놀기도 했습니다. 처음에는 책 한 권을 끝까지 읽지 못하던 하유는 이제 스스로 책을 읽어달라고 조릅니다. 읽었던 책의 내용을 저에게 열심히 설명도 하지요. 하지만 독서를 습관으로 자리 잡게 하기까지는 쉽지 않았습니다. 이 책에는 다양한 지름길이 소개되어 있습니다. 더 많은 부모님과 아이들이 독서의 즐거움을 알게 되길 바랍니다.

- 아빠 육아 스타 블로그 '박쿤' 박현규 작가

참고문헌

인용도서

고도 토키오, 《나쁜 습관 정리법》, 이용택 옮김, 지식너머, 2017.

고영성·김선, 《우리 아이 낭독 혁명》, 스마트북스, 2017.

구본권, 《로봇 시대, 인간의 일》, 어크로스, 2015.

그림왕양치기, 《실어증입니다, 일하기 싫어증》, 2016.

김붕년, 《아이의 뇌》, 국민출판, 2014.

마르조리 물리뇌프, 《내 아이의 자존감을 높이는 프랑스 부모의 십계명》, 배영란

옮김, 나무생각, 2017.

박혜란, 《믿는 만큼 자라는 아이들》, 나무를 심는 사람들, 2013.

서유헌, 《머리가 좋아지는 뇌과학세상》, 주니어랜덤, 2008.

송인섭, 《그만하자 공부잔소리》, 그루터기북스, 2017.

송재환, 《초등 고전 읽기 혁명》, 글담, 2011.

스티븐 킹, 《유혹하는 글쓰기》, 김진준 옮김, 김영사, 2002.

신채호, 《조선상고사》, 박기봉 옮김, 비봉출판사, 2006.

에드워드 카, 《역사란 무엇인가》, 권오석 옮김, 홍신문화사, 2015.

오은영, 《가르치고 싶은 엄마 놓고 싶은 아이》, 웅진리빙하우스, 2013.

원희욱, 《원더풀 브레인》, 영림카디널, 2014.

윤종록, 《후츠파로 일어서라》, 멀티캠퍼스하우, 2016.

이기주, 《말의 품격》, 황소북스, 2017.

이미애, 《엄마주도학습》, 21세기북스, 2017.

EBS인간의 두 얼굴 제작팀, 《인간의 두 얼굴》, 지식채널, 2010.

이성원·황우성, 《기적의 영어 육아》, 푸른육아, 2014.

이시형, 《아이의 자기조절력》, 지식채널, 2013.

이오덕, 《이오덕의 글쓰기 교육》, 양철북, 2017.

이현택, 《사교육의 함정》, 마음상자, 2013.

정여울, 《소리 내어 읽는 즐거움》, 홍익출판사, 2016.

짐 트렐리즈, 《하루 15분, 책 읽어주기의 힘》, 눈사람 옮김, 북라인, 2012.

찰스 두히그, 《습관의 힘》, 강주헌 옮김, 갤리온, 2012.

토니 부잔, 《토니 부잔의 마인드맵 두뇌사용법》, 권봉중 옮김, 비즈니스맵, 2010.

피터 드러커, 《21세기 지식경영》, 이재규 옮김, 한국경제신문, 2002.

후루이치 유키오, 《1일 30분》, 이진원 옮김, 이레, 2007.

학술논문

Frey Carl Benedikt, Osborne Michael A, 〈The future of employment : How susceptible are jobs to computerisation〉, 《Technological Forecasting & Social Change》, 2016.

John S Hutton, Tzipi Horowitz-Kraus, Alan L Mendelsohn, Tom DeWitt, Scott

K Holland, <Home reading environment and brain activation in preschool children listening to stories>, 《Pediatrics》, 136(3), 2015.

김판수, <수학문제 풀이과정의 수준 평가를 통한 초등학생과 영재의 창의성 비교>, 《과학영재교육》, 5(3), 2013.

채창균 · 신동준, <독서·신문읽기와 학업성취도, 그리고 취업>, 《직업과인력개발》, 18(6), 2015.

신문기사

브레인미디어, <인터뷰 비알집중력의원 전열정 원장>, 2015.09.07.

양영경, <지난해 성인 평균 독서량 10권…한 달에 1권도 어려워>, 헤럴드 경제, 2018.01.06.

어린이 동아일보, <뉴스 쏙 시사 쏙 '마스크는 한 번만 사용해요'>, 2017.04.02.

이병문, <대한의사협회 '건강 십계명' 발표…스마트폰·미세먼지·금연·절주 등 포함>, 매일경제, 2017.06.29.

방송 프로그램

SBS, <도서관 옆을 찾아 17번 이사한 아버지>, 《영재발굴단》, 94회 아빠의 비밀 2부.

맘스라디오(https://momsradio.modoo.at/), <이미애 편>, 《우아한부킹》, 8회.

맘스라디오(https://momsradio.modoo.at/), <이성원 편>, 《우아한부킹》, 16회.

맘스라디오(https://momsradio.modoo.at/), <고영성 편>, 《우아한부킹》, 19회.

네이버 오디오클립, 《말하기로읽기쓰기(https://audioclip.naver.com/channels/328)》.

KBS, 〈지나친 스마트폰 논출 뇌 발달 방해〉,《뉴스 취재현장》, 2015.02.13.

통계자료

통계청, 〈2016년 초.중.고 사교육비조사〉, 2017.03.15.

문화체육관광부, 〈2015 국민 독서실태 조사〉, 2016.01.22.

미래엔, 〈초등학생 독서 트렌드 조사〉, 2017.02.27.

우리 아이의 읽기 쓰기 말하기

초판 1쇄 발행	2018년 3월 26일
초판 4쇄 발행	2020년 10월 26일

지은이	김보영
발행인	윤호권 박헌용

발행처	지식너머
출판등록	제2013-000128호

주소	서울특별시 서초구 사임당로 82 (우편번호 06641)
전화	편집 (02) 3487-1151, 마케팅 (02) 2046-2800
팩스	편집 · 마케팅 (02) 585-1755
홈페이지	www.sigongsa.com

ISBN	978-89-527-9042-2 03590

지식너머는 ㈜시공사의 브랜드입니다.